平面图像处理

主 编◎文 雄 王恩銮

副主编◎李 娜 梁生达

U0226454

PHOTO SHOP
CS6

经济管理出版社

ECONOMY & MANAGEMENT PUBLISHING HOUSE

编 委 会

主　编：文　雄

　　　　王恩銮（海南金牛印刷有限公司印刷部部长）

副主编：李　娜　梁生达

编　者：黄祺潇　张培青　梁建业　沈基琦　余兰海　文娇珺

前　言

Photoshop CS6 已经成为现今最流行的应用软件之一，但"怎样学好 PS"还真是令许多初学者一筹莫展。为了让想要学好、用好 PS 的广大读者能轻松达到学习目的，本书一改过去的传统模式，突破条条框框的束缚，以由浅入深、图文并茂的全新模式展现在读者面前。相信见到本书的读者肯定会爱不释手。

本书在章节和内容的安排上，尝试打破"重理论、轻实践"的模式，也一改过去那种只讲操作，不明道理的"百例"模式，而是将概念和实践有机地结合起来。虽然不刻意追求所谓知识点的系统性、完整性，但也注重了知识和技能在学习上的循序渐进。每个任务都安排有点拨小贴士、PS 训练、实训拓展等训练指导模块。让学生在完成任务的实践过程中领会知识点，体会各种不同技能的灵活应用，创造出适合自己特点的设计风格。

本书在编写的过程中，充分考虑到中职学生的现况和今后的就业特点。本书中涉及有关设计的章节尽量做到贴近生活、贴近实际应用，并根据多年教学经验的积累和大量经典案例的收集，在内容安排上尽量做到"寓教于乐"，使学生在完成作品的过程中能充分体会到创作的满足感和成就感，并充分将理论和实践的结合达到完美统一。使学生在学习和模仿的基础上，敢于自我探索，用自己的创意，用自己的技能，用自己对色彩、对平面的领悟，设计创作出能充分体现自我个性的优秀作品。

本书通过章前的"本章导读"，让学生清晰地知道本章的主要内容；通过"学习目标"，让学生快速了解本章的一些精华知识点；通过"点拨小贴士"让学生对所学知识有所扩展；通过 PS 训练和实训拓展，让学生学有用武之地，从而达到巩固知识、举一反三的目的。

本书让学生不仅学会 Photoshop CS6 基本操作，而且对图形、图像设计，手绘图形、标志设计、书籍封面设计、产品包装设计、平面广告设计等领域的典型应用案例也都有充分的了解，充分彰显该软件的强大功能，让学生在生动活泼的教学实践中，产生学习兴趣，真正掌握 Photoshop CS6 的相关知识，从而达到得心应手地运用所学知识和技能解决各类实际问题的真正目的。

编者

2014 年 8 月 18 日

目　　录

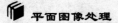

第一章　Photoshop CS6 概述

本章导读

Photoshop CS6 具备最先进的图像处理技术、全新的创意选项和极快的性能。出色的润色工具可以使图像具有更高的精确度，全新和改良的工具以及工作流程可以直观地创建 3D 图形、2D 设计，甚至整部电影。Photoshop CS6 广泛应用于广告业、商业、建筑业、影视娱乐业、机械制造业等众多行业领域。

学习目标

➤ Photoshop CS6 的简介及新增功能。
➤ Photoshop CS6 的界面布局与基本组成。
➤ Photoshop CS6 的功能特色。
➤图像处理基础知识。

一、Photoshop CS6 简介

Photoshop CS6 是 Adobe 公司推出的一款著名的图形图像处理软件，该软件功能完善、性能稳定、使用方便，是图形图像处理领域的首选工具软件。它主要应用于照片处理、平面设计、图书出版、效果图后期处理、网页、动画制作等领域。

（一）Photoshop CS6 的应用领域

1. 在平面设计中的应用

Photoshop 的出现不仅引发了印刷业的技术革命，也成为图像处理领域的行业标准。在平面设计与制作中，Photoshop 已经完全渗透到了平面广告、包装、海报、POP、书籍装帧、印刷、制版等各个环节。

2. 在界面设计中的应用

从以往的软件界面、游戏界面，到如今的手机操作界面、MP4、智能家电

等，界面设计这一新兴行业也伴随着计算机、网络和智能电子产品的普及而迅猛发展。界面设计与制作主要是用 Photoshop 来完成的，使用 Photoshop 的渐变、图层样式和滤镜等功能可以制作出各种真实的质感和特效。

3. 在插画设计中的应用

电脑艺术插画作为 IT 时代的先锋视觉表达艺术之一，其触角延伸到了网络、广告、CD 封面甚至 T 恤，插画已经成为新文化群体表达文化意识形态的利器。使用 Photoshop 可以绘制风格多样的插画和插图。

4. 在网页设计中的应用

Photoshop 可用于设计和制作网页页面。将制作好的页面导入到 Dreamweaver 中进行处理，再用 Flash 添加动画内容，便可生成互动的网站页面。

5. 在绘画与数码艺术中的应用

Photoshop 强大的图像编辑功能，为数码艺术爱好者和普通用户提供了无限广阔的创作空间。我们可以随心所欲地对图像进行修改、合成与再加工，制作出充满想象力的作品。

6. 在数码摄影后期处理中的应用

作为最强大的图像处理软件，Photoshop 可以完成从照片的扫描与输入，到校色、图像修正，再到分色输出等一系列专业化的工作。不论是色彩与色调的调整，照片的校正、修复与润饰，还是图像创造性的合成，在 Photoshop 中都可以找到最佳的解决方法。

7. 在动画与 CG 设计中的应用

3Ds Max、Maya 等三维软件的贴图制作功能都比较弱，模型贴图通常都要用 Photoshop 制作。使用 Photoshop 制作人物皮肤贴图、场景贴图和各种质感的材质不仅效果逼真，还能为动画渲染节省宝贵的时间。

8. 在效果图后期制作中的应用

制作建筑效果图时，渲染出的图片通常都要在 Photoshop 中做后期处理，如添加人物、车辆、植物、天空、景观和各种装饰品等，这样不仅节省渲染时间，也增强了画面的美感。

（二）Photoshop CS6 新的功能

Photoshop CS6 新增了许多强有力的功能，特别是新增了文件和图像处理功能，大大提高了用户的工作效率，使图像的创意效果得到了更大的提升。

1. 全新的工作界面

Photoshop CS6 的工作界面典雅而实用，尤其是深色背景选项，可以凸显图像，让用户工作时更加专注于图像，多达数百项的设计改进提供了顺畅、一致的编辑体验。如图 1-1 所示。

图 1-1

2. 全新的裁剪工具

使用全新的裁剪工具可以进行非破坏性的裁剪（隐藏被裁掉的区域）。在画布上我们可以精确控制图像，灵活、快速地旋转图像，进行裁剪操作，如图 1-2 所示。

图 1-2

3. 全新的内容识别移动

我们将选中的对象移动或扩展到图像的其他区域时，使用"内容识别移动"功能重组和混合对象，可以产生出色的视觉效果。

4. 全新的肤色识别选择和蒙版

"色彩范围"命令提供了全新的肤色识别选择和蒙版技术，可以创建精确的选区和蒙版，轻松选择精细的图像元素，例如脸孔、头发等，让我们毫不费力地调整或保留肤色。

5. 改进的矢量图层

矢量图层经过改进可以应用描边并为矢量对象添加渐变效果，我们还可以自定义描边图案，甚至能够创建像矢量程序一样的虚线描边。

6. 统一的文字样式

新增的"字符样式"和"段落样式"面板可以保存文字样式，并可快速应用于其他文字、线条或文本段落，从而极大地节省了我们的时间。

7. 简便的图层搜索

Photoshop CS6 的"图层"面板中新增了图层搜索功能，可以帮助我们快速锁定所需的图层。此外，我们还可以一次调整多个图层的不透明度和填充不透明度。

8. 直觉式创建影片和视频内容

Photoshop 中有各种用来修饰视频内容的工具和滤镜，我们还可以运用直觉式工具来制作影片，在素材中整合标题、静态图像、音效、过渡和效果。

9. 贴心的后台存储与自动恢复

Photoshop CS6 新增的自动恢复选项可以避免由于意外情况而丢失文件的编辑效果。这一功能可在暂存盘中创建一个名称为"PSAuto Recover"的文件夹，将我们正在编辑的图像备份到该文件夹中，并且每隔 10 分钟便会存储当前的工作内容。当文件正常关闭时，会自动删除备份文件；如果文件非正常关闭，当重新运行 Photoshop 时会自动打开并恢复该文件。自动恢复选项在后台工作，因此，其存储编辑内容时不会影响我们的正常工作。

10. 更高的工作效率

全新的 Adobe Mercury 图形引擎拥有前所未有的响应速度，能够让我们工作起来如行云流水般流畅。例如，进行液化、操控变形、创建 3D 图稿操作以及编辑其他大文件时，我们能够即时查看编辑效果。而跨平台的 64 位支持，更能将大型图像的处理速度提高 10 倍。

二、认识 Photoshop CS6 的工作界面

Adobe 对 Photoshop CS6 的工作界面进行了改进，使界面划分更加合理，常用

面板的访问、工作区的切换也更加方便。下面我们就来详细介绍 Photoshop CS6 的工作界面、工具箱、面板和菜单命令的使用方法。

（一）界面布局

打开 Photoshop CS6，一个友好、直观、丰富的界面就会展现在你面前，这里是你绘制图形大显身手的地方，如图 1 - 3 所示。

图 1 - 3

从图 1 - 3 中可以看出，Photoshop CS6 界面由视图控制栏、菜单栏、工具属性栏、工具箱、图像文件、桌面、浮动控制面板、状态栏等组成。

（二）基本组成

1. 标题栏

显示了文档名称、文件格式、窗口缩放比例和颜色模式等信息。如果文档中包含多个图层，则标题栏中还会显示当前工作的图层的名称。

2. 菜单栏

菜单中包含可以执行的各种命令。单击菜单名称即可打开相应的菜单。如图 1 - 4 所示。

Ps 文件(F) 编辑(E) 图像(I) 图层(L) 文字(Y) 选择(S) 滤镜(T) 视图(V) 窗口(W) 帮助(H)

图 1-4

3. 工具选项栏

用来设置工具的各种选项，它会随着所选工具的不同而改变内容。如图1-5所示。

羽化: 0 像素　　消除锯齿　样式: 正常　　宽度:　　高度:

图 1-5

4. 工具箱

包含用于执行各种操作的工具，如创建选区、移动图像、绘画、绘图等。如图 1-6 所示。

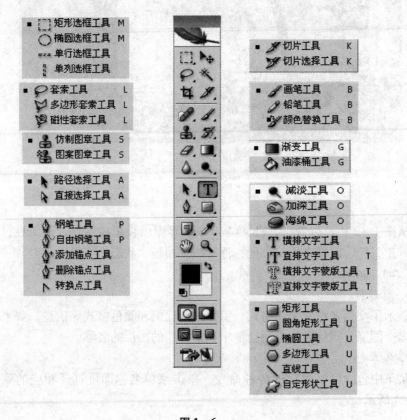

图 1-6

5. 面板

可以帮助我们编辑图像。有的用来设置编辑内容,有的用来设置颜色属性。

点拨小贴士

如果某个浮动面板不可见了,可以点击"窗口"菜单,在弹出的命令列表中选择你想打开的任意浮动面板名称,即可开启该项面板。

6. 文档窗口

文档窗口是显示和编辑图像的区域。

7. 状态栏

可以显示文档大小、文档尺寸、当前工具和窗口缩放比例等信息。

8. 选项卡

打升多个图像时,只在窗口中显示一个图像,其他的则最小化到选项卡中。单击选项卡中各个文件名便可显示相应的图像。

点拨小贴士

按下 Alt + F1 快捷键,可以将工作界面的亮度调暗(从深灰到黑色);按下 Alt + F2 快捷键,可以将工作界面调亮。

(三) 了解文档窗口

我们在 Photoshop 窗口中打开一个图像时,便会创建一个文档窗口。如果打开了多个图像,则它们会停放到选项卡中,如图 1 – 7 所示。单击一个文档的名称,即可将其设置为当前操作的窗口,如图 1 – 8 所示。按下 Ctrl + Tab 键,可以按照前后顺序切换窗口;按下 Ctrl + Shift + Tab 键,可按照相反的顺序切换窗口。

在一个窗口的标题栏单击并将其从选项卡中拖出,它便成为可以任意移动位置的浮动窗口(拖动标题栏可进行移动),如图 1 – 9 所示;拖动浮动窗口的一角,可以调整窗口的大小,如图 1 – 10 所示。将一个浮动窗口的标题栏拖动到选项卡中,当出现蓝色横线时放开鼠标,可以将窗口重新停放到选项卡中。

图 1 - 7

图 1 - 8

图 1 – 9

图 1 – 10

本章小结

本章主要是针对 Photoshop CS6 的初学者进行软件入门知识介绍，主要内容包括 Photoshop CS6 的功能特点、新增功能的介绍、工作界面的布局和各部位的功能。

实训拓展：各种色彩模式的转换

网上搜索一些 PS 素材，任选图种进行色彩模式的转换，直观感受不同色彩模式的特点。

第二章　图像的基本编辑方法

本章导读

图像的基本编辑方法是 Photoshop CS6 的基础内容，也是学习 Photoshop CS6 的入门课程，图像的调整包括数字图像的基础、修改像素尺寸和画布大小、图像变换与变形操作、图像处理基础知识等内容，其中对图片色彩进行调整的，包括图片的颜色、明暗关系和色彩饱和度等，本章只作简单介绍，第十章会详细讲解。

学习目标

➢ 了解位图与矢量图的差异。
➢ 了解像素与分辨率的区别。
➢ 掌握颜色模式切换的方法。
➢ 了解图像的位深度。
➢ 了解图像文件常用格式。

一、数字图像基础

计算机图形主要分为两类，一类是位图图像，另一类是矢量图形。Photoshop 是典型的位图软件，但它也包含矢量功能（如文字、钢笔工具）。下面，我们就来了解与这两种图形有关的概念，以便为后面学习图像处理打下基础。

（一）图像的类型

1. 位图的特征

位图图像在技术上被称为栅格图像，它是由像素（Pixel）组成的，在 Photoshop 中处理图像时，编辑的就是像素。打开一个图像文件，如图 2-1 所示，使用缩放工具 图标在图像上连续单击，直至工具中间的"+"号消失，画面中会出现许多彩色的小方块，它们便是像素，如图 2-2 所示。

图 2 –1   图 2 –2

像用数码相机拍摄的照片、扫描仪扫描的图片，以及在计算机屏幕上抓取的图像等都属于位图。位图的特点是可以表现色彩的变化和颜色的细微过渡，产生逼真的效果，并且很容易在不同的软件之间交换使用。但在保存时，需要记录每一个像素的位置和颜色值，因此，位图占用的存储空间也比较大。

另外，由于受到分辨率的制约，位图包含固定数量的像素，在对其缩放或旋转时，Photoshop 无法生成新的像素，它只能将原有的像素变大以填充多出的空间，产生的结果往往会使清晰的图像变得模糊，也就是我们通常所说的图像变虚了。

点拨小贴士

在这里我们需要明确两个概念：使用缩放工具时，是对文档窗口进行的缩放，它只影响视图比例；而对图像的缩放则是指对图像文件本身进行的物理缩放，它会使图像内容变大或者变小。

2. 矢量图的特征

矢量图是图形软件通过数学的向量方式进行计算得到的图形，它与分辨率没有直接关系，因此，可以任意缩放和旋转而不会影响图形的清晰度和光滑性。图2-3为一幅矢量插画，图2-4是将图形放大600%后的局部效果。我们可以看到，图形仍然光滑、清晰。矢量图的这一特点非常适合制作图标、Logo等需要经常缩放，或者按照不同打印尺寸输出的文件内容。

图2-3

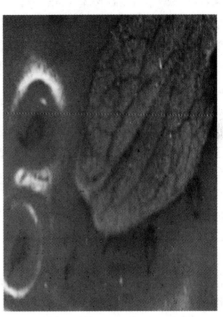

图2-4

矢量图占用的存储空间要比位图小很多。但它不能创建过于复杂的图形，也无法像照片等位图那样表现丰富的颜色变化和细腻的色调过渡。

点拨小贴士

典型的矢量软件有Illustrator、CoreIDraw、FreeHand，Auto-CAD等。

（二）像素与分辨率

像素是组成位图图像最基本的元素。每一个像素都有自己的位置，并记载着图像的颜色信息，一个图像包含的像素越多，颜色信息就越丰富，图像效果也会更好，不过文件也会随之增大。

分辨率是指单位长度内包含的像素点的数量，它的单位通常为像素/英寸

（ppi），如72ppi表示每英寸包含72个像素点，300ppi表示每英寸包含300个像素点。分辨率决定了位图细节的精细程度，通常情况下，分辨率越高，包含的像素就越多，图像就越清晰。

像素和分辨率是两个密不可分的重要概念，它们的组合方式决定了图像的数据量。例如，同样是1英寸×1英寸的两个图像，分辨率为72ppi的图像包含5184个像素（72像素×72像素=5184像素），而分辨率为300ppi的图像则包含多达90000个像素（300像素×300像素=90000像素）。在打印时，高分辨率的图像要比低分辨率的图像包含更多的像素，因此，像素点更小，像素的密度更高，所以可以重现更多细节和更细微的颜色过渡效果。

虽然分辨率越高，图像的质量越好，但这也会增加其占用的存储空间，只有根据图像的用途设置合适的分辨率才能取得最佳的使用效果。这里我们介绍一个比较通用的分辨率规范。如果图像用于屏幕显示或者网络，可以将分辨率设置为72像素/英寸（ppi），这样可以减小文件的大小，提高传输和下载速度；如果图像用于喷墨打印机打印，可以将分辨率设置为100～150像素/英寸（ppi）；如果用于印刷，则应设置为300像素/英寸（ppi）。

（三）图像文件格式

Photoshop CS6共支持20多种格式的图像，在这里介绍几种常用的图像格式。

（1）PSD：PSD是Photoshop默认的文件格式，它可以保留文档中的所有图层、蒙版、通道、路径、未栅格化的文字、图层样式等。通常情况下，我们都是将文件保存为PSD格式，以后可以随时修改。PSD是除大型文档格式（PSB）之外支持所有Photoshop功能的格式。其他Adobe程序，如Illustrator、InDesign、Premiere等都可以直接置入PSD文件。

（2）BMP：这种格式是微软公司专用格式，也是最常见的位图格式，但它不支持Alpha通道。

（3）JPEG：JPEG是由联合图像专家组开发的文件格式。它采用有损压缩方式，具有较好的压缩效果，但是将压缩品质数值设置得较大时，会损失掉图像的某些细节。JPEG格式支持RGB、CMYK和灰度模式，不支持Alpha通道。

（4）GIF：不支持Alpha通道。GIF格式产生的文件较小，常用于网络传输，GIF格式的优势在于它可以保存动画效果。

（5）PNG：这种格式产生透明背景，可以实现无损压缩方式压缩文件，所以可以产生质量较好的图像效果。

（6）PDF：便携文档格式（PDF）是一种通用的文件格式，支持矢量数据和位图数据，具有电子文档搜索和导航功能，是Adobe Illustrator和Adobe Aeronat的主要格式。PDF格式支持RGB、CMYK、索引、灰度、位图和LAB模式，不支持 Alpha 通道。

（7）TIFF：TIFF 是一种通用的文件格式，所有的绘画、图像编辑和排版程序都支持该格式。而且，几乎所有的桌面扫描仪都可以产生 TIFF 图像。该格式支持具有 Alpha 通道的 CMYK、RGB、LAB、索引颜色和灰度图像，以及没有 Alpha 通道的位图模式图像。Photoshop 可以在 TIFF 文件中存储图层，但是，如果在另一个应用程序中打开该文件，则只有拼合图像是可见的。

（四）色彩模式

色彩模式是指同一属性下不同颜色的集合，它包括 RGB 模式、CMYK 模式、LAB 模式、索引模式、位图模式、灰度模式和双色调模式等。

点拨小贴士

在 Photoshop CS6 中定义模式的方法有两种：第一种是在新建文件时定义，在对话框中的模式选项里选择要定义的模式。第二种是单击图像菜单模式子菜单进行选择。

1. RGB 模式

RGB 模式是一种最基本、使用最广泛的颜色模式，其中 R 代表红色（Red），G 代表绿色（Green），B 代表蓝色（Blue）。每种颜色都有 256 种不同的亮度值，因此 RGB 模式从理论上讲有 $256 \times 256 \times 256$ 种颜色。

2. CMYK 模式

CMYK 模式是一种减色模式，C 代表青色（Cyna），M 代表洋红色（Magenta），Y 代表黄色（Yellow），K 代表黑色（Bback）。C、M、Y 分别是红、绿、蓝的互补色，由于这三种颜色混合在一起只能得到暗棕色，而得不到真正的黑色，所以另外引用黑色。印刷中使用的就是 CMYK 色彩模式。

3. LAB 模式

LAB 模式有三个颜色通道，一个代表亮度，另外两个代表颜色范围，分别用 A、B 来表示。A 通道包含的颜色从深绿到灰到亮粉红色。B 通道包括的颜色从亮蓝到灰再到焦黄色。

点拨小贴士

当 RGB 和 CMYK 两种模式互相转换时，最好先转换为 LAB 色彩模式，这样可以减少转换过程中颜色的损耗。

4. 灰度模式

灰度模式共有 256 个灰度级，此种模式的图像只存在灰度，没有色度、饱和度等彩色信息，图 2-5 和图 2-6 是 RGB 模式转换为灰度模式后的图像效果。

图 2-5　　　　　　　　　　　　　　　图 2-6

二、标尺、参考线和网络线的设置

标尺、参考线或网络线的设置可以使图像处理更加精确，而实际设计任务中的问题有许多也需要用标尺、参考线或网络线来解决。

（一）标尺的设置

设置标尺可以精确地编辑和处理图像。选择"编辑→首选项→单位与标尺"命令，弹出相应对话框。如图 2-7 所示。

执行"视图→标尺"菜单命令或按 Ctrl + R 组合键，此时看到窗口顶部和左侧会出现标尺。如图 2-8 所示。

默认情况下，标尺的原点位于窗口的左上方，用户可以修改原点的位置。将光标放置在原点上，然后使用鼠标左键拖曳原点，画面中会显示出十字线，释放鼠标左键以后，释放处便成了原点的新位置，并且此时的原点数字也会发生变化。如图 2-9 所示。

如果要将原点复位到初始状态，即（0，0）位置，可以将光标放置在原点上，然后使用鼠标左键将原点向右下方拖曳，此时画面中会显示出十字线，接着将十字线拖曳到画布的左上角，这样就可以将原点复位到初始位置。如图 2-10 所示。

图 2 - 7

图 2 - 8

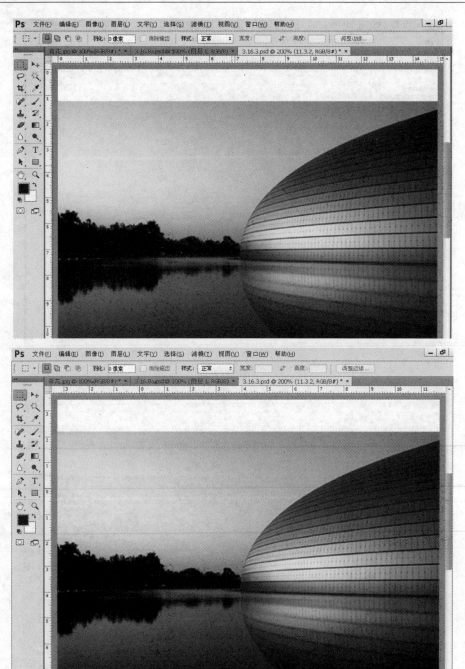

图 2 - 9

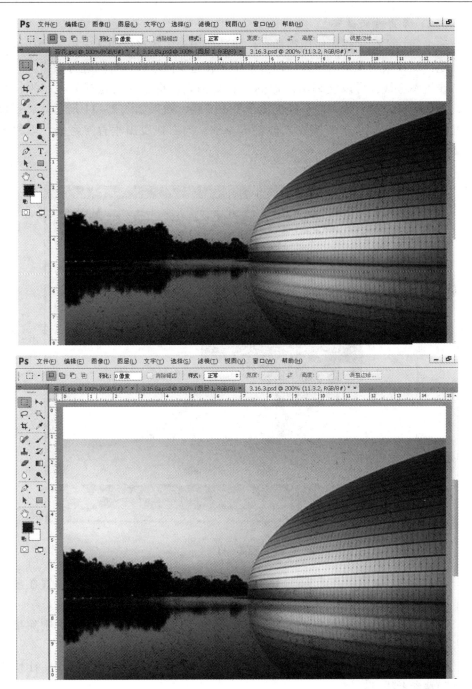

图 2 – 10

（二）参考线的设置

参考线在实际工作中应用得非常广泛。使用参考线可以快速定位图像中的某个特定区域或某个元素的位置，以方便用户在这个区域或位置内进行操作。

设置参考线：可以使编辑图像的位置更精确，将鼠标的光标放在水平标尺上，按住鼠标左键不放，向下拖曳出水平参考线，效果如图 2 - 11 所示。将鼠标的光标放在垂直标尺上，按住鼠标左键不放，向右拖曳出垂直参考线，效果如图 2 - 12 所示。

图 2 - 11

移动参考线：在"工具箱"中单击"移动工具"按钮，将光标放置在参考线上，当光标变成分隔符形状时，按住鼠标左键并拖曳即可移动参考线。

删除参考线：使用"移动工具"将参考线拖曳出画布之外，即可删除某条参考线。

隐藏参考线：可以执行"视图→显示额外内容"菜单命令或按 Ctrl + H 快捷键来隐藏参考线。

删除画布中的所有参考线：执行"视图→清除参考线"菜单命令可以删除所有参考线。

图 2 – 12

（三）智能参考线

智能参考线可以辅助对齐形状、切片和选区。启用智能参考线后，当绘制形状、创建选区或切片时，智能参考线会自动出现在画布中。执行"视图→显示→智能参考线"菜单命令，可以开启智能参考线。

（四）网格

网格主要用来对称排列图像。网格与参考线一样是无法打印出来的。执行"视图→显示→网格"菜单命令，就可以在画布中显示出网格。如图 2 – 13 所示。

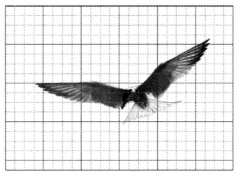

图 2 – 13

三、修改像素尺寸和画布大小

我们拍摄的数码照片或是在网络上下载的图像可以有不同的用途,例如,可以设置成为电脑桌面、制作为个性化的 QQ 头像、用作手机壁纸、传输到网络相册上、用于打印等。然而,图像的尺寸和分辨率有时不符合要求,这就需要我们对图像的大小和分辨率进行适当的调整。

(一)修改图像的尺寸

使用"图像大小"命令可以调整图像的像素大小、打印尺寸和分辨率。修改像素大小不仅会影响图像在屏幕上的视觉大小,还会影响图像的质量及其打印特性,同时也决定了其占用多大的存储空间。

第一步:按下 Ctrl +0 快捷键,打开"平面图像处理2 - 2 中"的素材文件。如图 2 - 14 所示。

图 2 - 14

第二步:执行"图像→图像大小"命令,打开"图像大小"对话框。如图 2 - 15 所示。我们先来看一下"像素大小"选项组,它显示了图像当前的像素尺寸,当我们修改像素大小后,新文件的大小会出现在对话框的顶部,旧的文件大小在括号内显示。如图2 - 16所示。

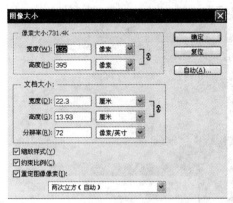

图 2 – 15

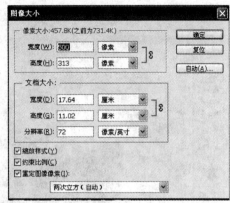

图 2 – 16

第三步:"文档大小选项组"用来设置图像的打印尺寸("宽度"和"高度"选项)和分辨率("分辨率"选项),我们可以通过两种方法来操作。第一种方法是先选择"重定图像像素"选项,然后修改图像的宽度或高度。这会改变图像的像素数量。例如,减小图像的大小时,就会减少像素数量,此时图像虽然变小了,但画质不变,如图 2 – 17 所示;而增加图像的大小或提高分辨率时,则会增加新的像素,这时图像尺寸虽然增大了,但画质会下降,如图 2 – 18 所示。

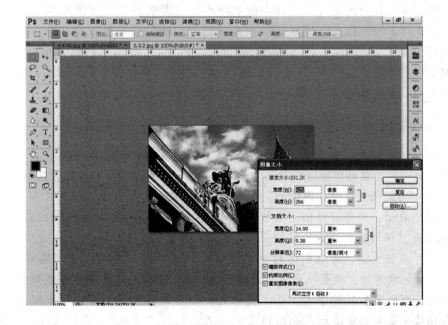

图 2 – 17

图 2 – 18

第四步：我们再来看第二种方法如何操作。先取消"重定图像像素"选项的勾选，再来修改图像的宽度或高度。这时图像的像素总量不会变化，也就是说，减少宽度和高度时，会自动增加分辨率，如图 2 – 19 所示；而增加宽度和高度时就会自动减少分辨率，如图 2 – 20 所示。图像的视觉大小看起来不会有任何改变，画质也没有变化。

点拨小贴士

（1）缩放样式：如果文档中的图层添加了图层样式，选择该选项后，调整图像的大小时会自动缩放样式效果。只有选择了"约束比例"，才能使用该选项。

（2）约束比例：修改图像的宽度或高度时，可保持宽度和高度的比例不变。

（3）自动：单击该按钮可以打开"自动分辨率"对话框，输入挂网的线数，Photoshop 可根据输出设备的网频来确定建议使用的图像分辨率。

（4）差值方法，修改图像的像素大小在 Photoshop 中称为"重新取样"。当减少像素的数量时，就会从图像中删除一些信息；当增加像素的数量或增加像素取样时，则会添加新的像素。在"图像大小"对话框最下面的列表中可以选择一种插值方法来确定添加或删除像素的方式，包括"邻近"、"两次线性"等，默认为"两次立方"。

图 2-19

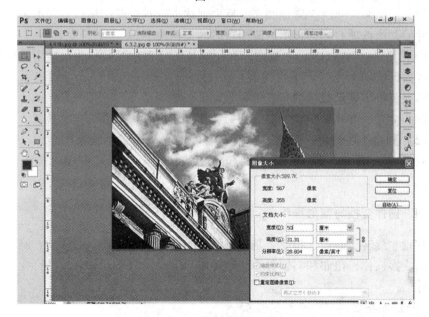

图 2-20

（二）修改画布大小

画布是指整个文档的工作区域，如图 2 – 21 所示。执行"图像→画布大小"命令，可以在打开的"画布大小"对话框中修改画布尺寸。如图 2 – 22 所示。

图 2 – 21   图 2 – 22

（1）当前大小：显示了图像宽度和高度的实际尺寸和文档的实际大小。

（2）新建大小：可以在"宽度"和"高度"框中输入画布的尺寸。当输入的数值大于原来尺寸时会增加画布；反之则减小画布。减小画布会裁剪图像。输入尺寸后，该选项右侧会显示修改画布后的文档大小。

（3）相对：勾选该项，"宽度"和"高度"选项中的数值将代表实际增加或者减少的区域的大小，而不再代表整个文档的大小，此时输入正值表示增加画布，输入负值则表示减小画布。

（4）定位：单击不同的方格，可以指示当前图像在新画布上的位置。

（5）画布扩展颜色：在该下拉列表中可以选择填充新画布的颜色。如果图像的背景是透明的，则"画布扩展颜色"选项将不可用，添加的画布也是透明的。

四、图像变换与变形操作

移动、旋转、缩放、扭曲等是图像处理的基本方法，其中，移动、旋转和缩放称为变换操作；扭曲和斜切称为变形操作。下面我们来了解怎样进行变换和变形操作。

（一）定界框、中心点和控制点

"编辑→变换"下拉菜单中包含各种变换命令，如图 2 – 23 所示，它们可以对图层、路径、矢量形状，以及选中的图像进行变换操作。

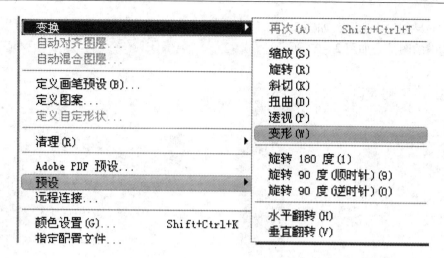

图 2－23

执行这些命令时，当前对象周围会出现一个定界框，定界框中央有一个中心点，四周有控制点。默认情况下，中心点位于对象的中心，它用于定义对象的变换中心，拖动它可以移动它的位置。拖动控制点则可以进行变换操作。

（二）移动图像

移动工具 是最常用的工具之一，不论是移动文档中的图层、选区内的图像，还是将其他文档中的图像拖入当前文档，都需要使用该工具。

1. 在同一文档中移动图像

在"图层"面板中单击要移动的对象所在的图层，如图 2－24 所示；使用移动工具在画面中单击并拖动鼠标即可移动该图层中的图像。如图 2－25 所示。

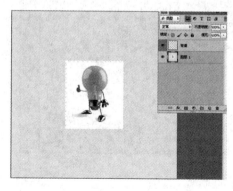

图 2－24

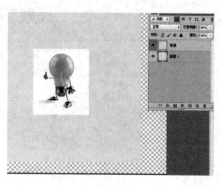

图 2－25

如果创建了选区，如图 2-26 所示，则将光标放在选区内；拖动鼠标可以移动选中的图像。如图 2-27 所示。

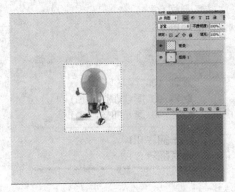

图 2-26

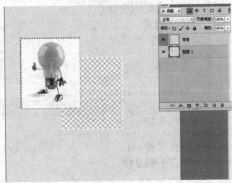

图 2-27

2. 在不同文档间移动图像

打开两个或多个文档，选择移动工具 ►✛ 图标，将光标放在画面中，单击并拖动鼠标至另一个文档的标题栏，如图 2-28 所示；停留片刻切换到该文档，如图 2-29 所示；移动到画面中放开鼠标可将图像拖入该文档，如图 2-30 所示。

图 2-28

图 2-29

图 2-30

PS 训练

打开平面图像处理素材，任选图像进行色彩模式的转换，直观地感受不同色彩模式的特点。

本章小结

本章主要是针对 Photoshop CS6 的初学者进行软件入门知识介绍，主要内容包括 Photoshop CS6 的功能特点、新增功能的介绍、工作界面的布局和各部位的功能，以及图像处理的基本知识。

实训拓展：美景图的合并

设计结果：

如图 2 – 31 所示，可爱的雪人、舞动的狮子、海上日初、海边的高楼，共同构成一幅美景图。

设计思路：

（1）利用图像大小和画布大小命令将所有素材调整到合适的大小。

（2）新建一空白文件，利用复制和粘贴命令，将所有素材合成到新的空白文件中。

（3）添加标题文字。

（4）用正确的格式保存文件。

图 2 – 31

第一步：

（1）打开 Photoshop CS6 配套平面图像处理素材文件夹，选中 SC1. jpg 文件，打开执行图像/图像大小命令，勾选约束比例复选框，设定图像高度为 300 像素，然后点击对话框的按钮"好"。如图 2 – 32 所示。

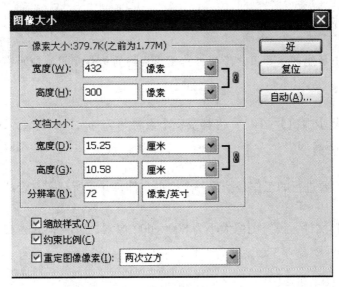

图 2 – 32

（2）执行图像/画布大小命令，设置宽度为 400 像素，根据图像本身的构图，在定位栏点击某个方块以指示现有图像在新画布上的位置。如图 2 – 33 所示。

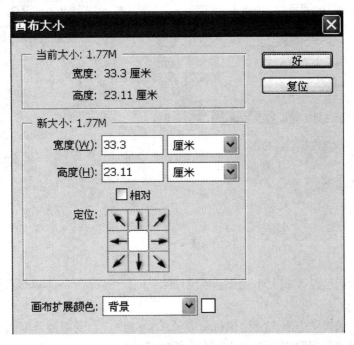

图 2 – 33

点拨小贴士

画布大小功能可以让用户修改当前图像周围的工作空间，即画布尺寸来裁剪图像。

（3）重复步骤（1）~（2），将其余三个素材 SC2. jpg，SC3. jpg，SC4. jpg 都改成 400×300 像素大小。

第二步：

下面我们要进行的工作是新建一个空白文件，并将所有素材合成到该空白文件中。

（1）新建文件，设置图像大小为 800×600 像素，RGB 模式，白色背景。如图 2-34 所示。

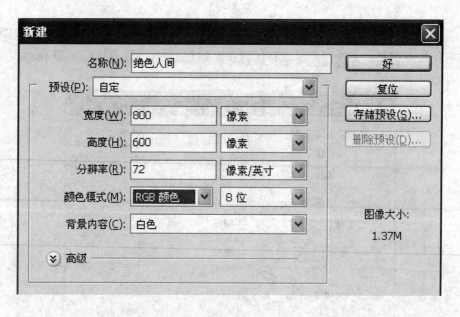

图 2-34

（2）激活已经改变大小的图像素材 SC1. jpg，执行命令选择/全选，选取整个图像文件。

（3）在选择状态下，继续执行命令"编辑/拷贝"，复制被选取的内容。

（4）激活新建的空白文件执行命令编辑/粘贴。

（5）利用移动工具，将粘贴的图像移动到文件的左上角。

（6）重复步骤(2)～(5)，将其余三个已经调整好尺寸的素材粘贴到新文件中，并放在适当的位置。如图 2-35 所示。

图 2-35

第三步：

接下来我们将为新建立的图像文件配上标题文字。

（1）在图层面板中选择最上面的图层。

（2）选择工具栏中的横排文字工具，在文字工具的选项栏中设置字体为华文彩云，字体大小为 100 点，文本颜色为 RGB（255，130，0）。输入文本"绝色人间"，单击文字工具栏右侧的"提交"按钮。如图 2-36 所示。

图 2-36

（3）利用移动工具将文本移至合适的位置。

平面图像处理

（4）右击图层面板中的文字图层，在弹出的快捷菜单中选择混合选项。

（5）在弹出的图层样式对话框中，勾选投影和外发光两种，使用默认参数。如图2－37所示。

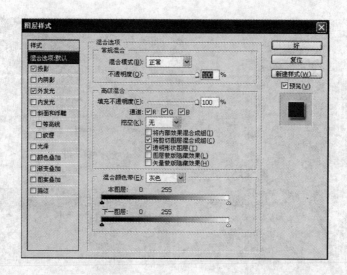

图 2－37

第四步：

（1）执行文件/存储命令，在弹出的存储为对话框中，选择合适的保存位置，在文件名中输入"美景图"，保存格式为Photoshop（*.psd）。如图2－38所示。

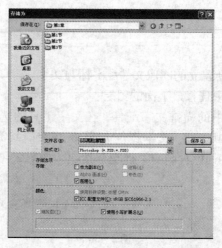

图 2－38

（2）再次执行文件/存储为命令，在弹出的存储为对话框中，选择合适的保存位置，在文件名中输入"美景图"，保存格式为 jpg。

练习制作

打开平面图像处理 SC5. jpg 和 SC6. jpg 制作太空之旅。

图 2－39

第三章　选区与对象的选取

本章导读

在 Photoshop CS6 的各项操作中，选区的作用是非常重要的，很多的功能和命令都必须建立在选区的基础上完成。对图像局部区域进行处理时，就需要建立选区，才可以对选区内的图像进行操作。

学习目标

➤选区工具。

➤通过色彩范围命令建立选区。

➤编辑选区。

➤使用菜单命令编辑选区。

一、选区工具组

在 Photosohp CS6 的工具箱中，可以选择三种类型的选区工具来创建选区：规则选框工具、魔棒工具、套索工具。

（一）规则选框工具组

1. 矩形/椭圆形选框工具

选择该工具在图像中拖动鼠标，可创建一个矩形选择区域。单击该工具后，椭圆选框工具用于建立椭圆形或圆形的选区。如图 3 - 1 所示。

图 3 - 1

在工具箱中选择选区工具后，工具选项栏将显示该选框工具的各项设置参数。

（1）这四按钮的功能分别是：创建新选区、添加到选区、从选区中减去和选区交叉。

（2）羽化：如果要柔化选区范围的边缘，可在选项栏的羽化数值框中输入像素值。如果是使用椭圆选框工具，则可选中"消除锯齿"复选框，以避免绘制的椭圆选区边缘出现锯齿现象。

（3）样式：在此下拉列表中可选择不同的选区创建样式。当选择"正常"样式时，选区大小由按住鼠标左键拖动的范围来控制；选择"约束宽比"时，所建立的选区将保持在后面文字框中设置的长宽比；选择"固定大小"时，在后面的数值框中输入具体的尺寸大小，然后只需要在图像窗口中单击鼠标左键，即可按设置好的长度尺寸创建选区。如图 3-2 所示。

图 3-2

2. 单行和单列选框工具

单行选框工具和单列选框工具的使用比较简单，它们分别被用来创建高度为 1 像素或宽度为 1 像素的选区。如图 3-3 和图 3-4 所示。

图 3-3

图 3 – 4

（二）魔棒工具

"魔棒工具"可用来选择图像中颜色相同或相似的不规则区域。在选取"魔棒工具"后，单击图像中的某个点，即可将图像中该点附近颜色相同或相似的区域选取出来。如图 3 – 5 所示。

图 3 – 5

（1）容差：用于设置选定颜色相似范围的大小。它的含义是在用魔棒工具单击的色彩点上下偏差 32 个像素的色彩区域都能被选取。数值越大，选取的颜色区域越广；反之越小。

（2）连续：选中该复选框后，只能选择与单击点相连的同色区域；未选中时，则将整幅图像中的同色区域全部选中。

（3）对所有图层取样：选中该复选框后，则会将当前文件中所有可见图层中的相同颜色的区域全部选中。如图 3 - 6A 所示。

图 3 - 6A

"快速选择工具"主要是通过调整圆形画笔的笔尖大小、硬度和间距等参数，在图像窗口中快速建立选区。选中该工具并在图像上拖动鼠标时，选区将会自动向外扩展，并自动查找和跟踪满足设定参数的选区边缘。

（4）画笔：弹出画笔设置面板，利用面板，我们可以对涂抹的画笔参数进行设置。如图 3 - 6B 所示。

图 3 - 6B

（5）自动增强复选框：选中该复选框，可减少选区边缘的粗糙程度，实现边缘调整。

（三）套索工具

利用套索工具组，可以手动选取不规则的区域。套索工具组包括"套索工具"、"多边形套索工具"和"磁性套索工具"。如图 3 - 7 所示。

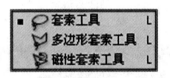

图 3 - 7

1. 套索工具

选择该工具，拖动鼠标可以建立任意形状的选择区域。由于在拖动的过程中，鼠标非常难以控制选择区域的形状，所以经常用于绘制要求不很严格的区域形状。

2. 多边形套索工具

使用该工具可产生一个多边形的选择区域，当多边形的边足够时，它能很好地模拟各种曲线形状的选择区域。多边形套索工具能够精确地控制选择区域的形状。但它的缺点是：在选择区域时比较费时费力。

3. 磁性套索工具

这个工具使用曲线来建立任意形状的选择区域，它与套索工具的区别在于用户只需大体指定选区的边界，它就能够自动根据图像颜色的区别来识别选择区域的边界。

当选择磁性套索工具后，可以通过工具属性栏对参数进行设置，以达到所需要的效果。如图 3 - 8 所示。

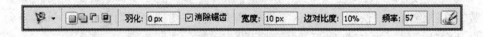

图 3 - 8

（1）宽度：设置在距离鼠标指针多大的范围内检测边界，它的取值范围是 1 ~ 40。

（2）频率：设置磁性套索工具的定位点出现的频率，取值范围是 0 ~ 100。

（3）边对比度：设置检测图像边界的灵敏度。

二、使用选择菜单命令编辑选区

除了前面介绍的建立选区的方法外，我们还可以通过菜单命令对选区进行更多的操作。

（一）全选

全选是指将当前图像窗口中的所有区域都选取。执行全选命令，或按下 Ctrl + A 快捷键。如图 3 - 9 所示。

图 3 - 9

（二）取消选区与重选

执行"选择→取消选择"命令或按下 Ctrl + D 快捷键，即可取消当前窗口中的所有选区，若要恢复对图像区域的选取，可执行"选择→重新选择"命令或 Shift + Ctrl + D 快捷键即可。

点拨小贴士

在取消选区后，如果没有执行其他的任何操作，可执行"编辑→还原"命令或按下 Ctrl + Z 快捷键，撤销上一步的操作，从而恢复对图像区域的选取。

（三）反选

反向选取是指选取当前选区以外的区域。执行"选择→反向"命令或按下 Ctrl + Shift + I 快捷键即可。如图 3 – 10 和图 3 – 11 所示。

图 3 – 10　　　　　　　　　　　　　　图 3 – 11

（四）羽化选区

使用除魔棒工具以外的其他选区工具创建选区时，用户可以在工具选项栏中的羽化数值框中输入数值。

点拨小贴士

羽化半径值越大，羽化效果越明显。

（五）修改选区

在图像中创建选区后，执行"选择→修改"子菜单中的命令，可以对选区进行边界平滑、扩展和收缩方面的修改。

1. 设置选区的边界

边界命令用于设置选区周围的像素宽度，其操作方法是：在图像中创建选区后，执行"选择→修改→边界"，在打开的边界选区对话框中输入所需的边界宽度值，单击确定即可。如图 3－12 所示。

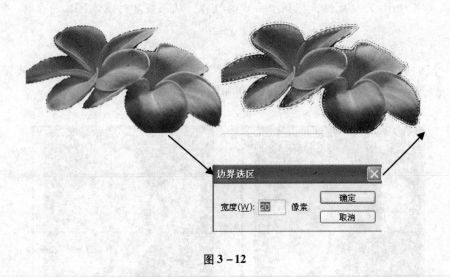

图 3－12

点拨小贴士

设置选区的边界宽度后，用户可以对边界进行色彩的填充，以产生描边的效果。如图 3－13 所示。

图 3－13

2. 平滑选区

　　该命令通过设置选区的平滑度，使选区的尖角变得平滑，以此消除选区边缘的锯齿。执行"选区→修改→平滑"。如图 3－14 和图 3－15 所示。

图 3－14

图 3－15

3. 扩展与收缩选区

　　扩展命令用来扩大选取的范围，收缩命令用来缩小选取的范围。

（六）扩大选取

扩大选取命令是指根据当前图像选区内的颜色参数，将指定容差范围内的相邻像素区域增加到选区。如图 3－16 和图 3－17 所示。

图 3－16   图 3－17

点拨小贴士

魔棒工具选项栏中设置的容差值越大，扩大选取后的区域就越大，反之扩大的选取区域相对就越小。

（七）选取相似

执行"选择→选取相似"命令，系统会根据当前选区中的颜色参数，将整个图像中位于容差范围内颜色相似的像素都选取。如图 3－18 和图 3－19 所示。

图 3－18   图 3－19

（八）变换选区

通过变换选区功能，可以对选区进行缩放、旋转、扭曲、变形和翻转等操作。在图像中创建选区后，执行"选择→变换选区"命令，此时在选区周围出现了控制框以及工具选项栏。如图 3－20 和图 3－21 所示。

图 3 - 20

图 3 - 21

（1）在 X 和 Y 数值框中输入数值，可以精确设置选区。

（2）在 W 和 H 数值框中输入数值，可以精确改变选区的宽度和高度。

（3）在角度数值框中输入角度值，可以精确改变选区的角度。

三、色彩范围

使用色彩范围命令可以在图像中查找与指定颜色相同或相近的区域，然后创建选区将这些区域选取，还可通过指定其他颜色来增加或减少选择区域。如图 3 - 22 和图 3 - 23 所示。

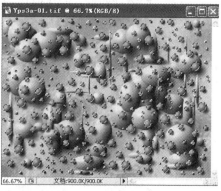

图 3 - 22　　　　　　　　　　　　图 3 - 23

— 45 —

四、编辑选区

当直接创建的选区并不能完全满足图像处理的需要时，就需要对选区进行各种编辑，如调整被选取区域、添加或减少选区范围和交叉选区等。

（一）移动选区

图像中创建选区后，我们可以根据选取区域的不同，利用移动工具，对其进行移动。

（二）添加选区

在创建选区后，如果需要添加选取范围，在选区工具栏中单击"添加到选区"即可。

（三）减除选区

在选区工具选项栏中单击从选区中减去按钮即可。

（四）交叉选区

交叉选区是指将两个或多个选区中交叉的部分区域保留为选区，其他区域将被取消选取。

本章小结

本章主要向读者详细讲解了创建选区和编辑选区的操作方法。可以根据需要选取区域的形状，有选择地使用各种选区工具进行选区的创建，还可以使用色彩范围命令根据图像的颜色进行选取，在创建选区后，还可对选区进行编辑，其中包括移动选区、改变选区的大小、羽化选区、修改变换选区等。

实训拓展：金色海岸图像合成效果

金色海岸图像合成效果，如图 3 - 24 所示。

设计结果：那落日如金，和煦海风，斜阳晚照，沉醉了多少人。与这相对应的是绵延千里、碧波万顷的金色海岸线上，一座倚山面海的美丽城市。

设计思路：

（1）利用磁性套索和粘贴入命令将两幅图像进行合成。

（2）利用磁性套索和套索工具选取城市，利用粘贴命令将其添加到合成图像中。

（3）利用色彩平衡命令调整图像颜色，使其色彩显示协调。

第一步：

（1）打开配套平面图像处理素材文件夹中的 SC1.2 - 1.jpg，如图 3 - 25 所示。

图 3 – 24

图 3 – 25

（2）打开素材中的 SC1.2 – 2.jpg。如图 3 – 26 所示。

（3）用素材 SC1.2 – 2.jpg 的金色海岸背景替换素材 SC1.2 – 1.jpg 的蓝色天空部分。

（4）选取魔棒工具，在其选项中设置容差值，在其选项中设置容差值为 50。点击素材中的蓝色天空部分。如图 3 – 27 所示。

图 3 – 26

图 3 – 27

点拨小贴士

从现有选区中增加选区用 Shift 键，减少选区用 Alt 键。

（5）激活用作填充的另一个素材图像，按快捷键 Ctrl + A 选中整个图像，按 Ctrl + C 快捷键复制选定范围中的图像。

（6）激活蓝色天空素材图像，执行命令"编辑→粘贴"，将复制的图像粘贴到选定范围中。如图 3 – 28 所示。

图 3 – 28

点拨小贴士

粘贴入命令可以将源选区的内容被目的选区蒙住显示。在图层面板中，源选区的图层缩览图出现在目的选区的图层蒙版缩览图的旁边。两者未链接时可以单独移动。如图 3 – 29 所示。

图 3 – 29

（7）在图层面板中，点击图层 1 的缩览图部分，用移动工具在场景中向上移动粘贴的素材部分。如图 3－30 所示。

图 3－30

第二步：

（1）打开平面图像处理素材文件夹中的 SC1.2－3.jpg。如图 3－31 所示。

图 3－31

（2）首先用套索工具在城市外围拖动，然后使用魔棒工具去除天空与地面多余部分。按快捷键 Ctrl + C 复制选中的城市图像，执行"编辑→粘贴"命令，最后执行"编辑→变换→水平翻转"，将图像进行水平翻转。执行命令"编辑→自由变换"，将城市图像调整到合适的位置。如图 3 - 32 所示。

图 3 - 32

第三步：

为了使所组合的图像色彩和谐，我们利用色彩平衡命令调整图像颜色。

（1）在图层面板中，选取背景层。执行命令"图像→调整→色彩平衡"，设置色阶为（+71，-27，-48）。如图 3 - 33 所示。

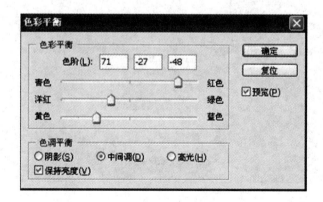

图 3 - 33

（2）在图层面板中，选取图层 2 即城市所在图层，执行命令"图像→调整→去色"，将该图层转换为灰度图像。

（3）执行命令"图像→调整→亮度/对比度"，设置亮度为 -55，对比度为 -68。如图 3 - 34 所示。

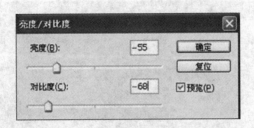

图 3 - 34

（4）执行命令"图像→调整→色彩平衡"，设置色阶为（+72，0，-86）。

（5）将作品保存为金色海岸。

练习制作

（一）丛林越野

素材 - 配套光盘 - SC1. 2 - 4；SC1. 2 - 5。见图 3 - 35。

图 3 - 35

（二）日落而息

素材 – 配套光盘 – SC1.2 – 6；SC1.2 – 7；SC1.2 – 8。见图 3 – 36。

图 3 – 36

第四章　图层与图像的合成

本章导读

本章主要介绍图层的基本应用知识及应用技巧，讲解了图层的基本调整方法以及混合模式、智能对象等高级应用知识。通过本章的学习可以应用图层知识制作出多变的图像效果，可以对图层快速添加样式效果，还可以单独对智能对象图层进行编辑。

学习目标

➢ 掌握图层样式的使用方法。
➢ 掌握图层混合模式的使用方法。
➢ 掌握如何新建填充和调整图层。
➢ 了解智能对象的运用。

一、图层的基本操作

（一）新建图层

在图像处理时，可以任意创建新的图层，单击图层控制面板底部的"创建新图层"按钮。即可增加新的空白图层以符合图像编辑的需求。新的图层将会被加入至目前操作图层的上层，并依照次序命名。

点拨小贴士

如果想要新建的图层出现在目前操作图层的下方，可在按住 Ctrl 键的同时单击图层面板下面的创建新图层按钮即可。

另外，按住 Alt 键的同时单击创建新图层按钮，可弹出新建图层对话框，在其中可以设置图层名称、颜色、混合模式以及透明度等图层属性，按下确定按钮后即可。如图 4 - 1 所示。

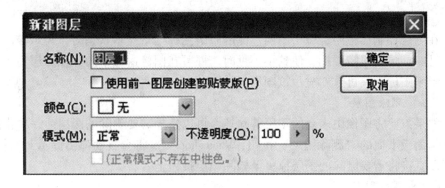

图 4 - 1

（二）选择图层

（1）选择单个图层：只需要在图层控制面板中所要选择的图层上单击即可。选中的图层呈灰度反白显示。

（2）选择多个图层：在图层控制面板中选择一个图层后，按下 Shift 键的同时单击另一个图层，则位于这两个图层之间的所有图层都会被选中；按下 Ctrl 键的同时单击需要选择的图层，可选择不连续排列的多个图层。

（3）选择移动工具后，按下 Ctrl 键的同时，在图像窗口中单击需要选择图层中的图像，即可选择该图层。如果在移动工具选项栏中选中了自动选择图层复选框，则直接单击需要选择图层中的图像即可。

（4）在未选中自动选择图层复选框时，按下 Ctrl + Shift 快捷键的同时，单击需要选择的图层中的图像，则可以选择多个图层；在选中自动选择图层复选框时，只需同时按下 Shift 键即可。

（三）调整图层的顺序

在 Photoshop CS6 中，位于上层的图像会遮盖下层的图像，因此一幅图像的总体效果与图层的上下位置有很大的关系。通过调整图层的排列顺序，所得到的显示效果也会不同。

点拨小贴士

（1）选择需要调整的图层，按下 Ctrl +] 快捷键，可使图层上移；按下 Ctrl + ［快捷键，可使图层下移；按下 Ctrl + Shift + ］快捷键，可将该图层置于最顶层；按下 Ctrl + Shift + ［快捷键，可将该图层置于最底层。

（2）如果要移动背景图层的位置，可以在背景层上双击，将背景层转换为普通图层,即可将其移动。转换后的原背景名称将变为图层0。

(四) 显示与隐藏

在图层控制面板中,位于图层左侧的眼睛图标处于显示状态时,表示该图层是可见的。单击眼睛图标,使其不可见时,即可在图像窗口中隐藏该图层;再次单击眼睛图标,又可重新显示该图层。

(五) 删除图层

如果需要将图像中多余的图层清除掉,可以选择需要删除的图层后,单击图层控制面板下面的"删除图层"按钮,Photoshop CS6 将会自动弹出提示对话框,也可以直接将需要删除的图层拖曳至删除图层按钮上。

(六) 复制图层

当需要复制整个图层中的图像时,在图层控制面板上直接将需要复制的图层拖曳至控制面板底部的创建新图层按钮上,释放鼠标后,即可快速地对图层进行复制,如图4-2所示。复制的图像完全重叠,此时在复制的图层名称后会加上副本字样,以示区别,如图4-3所示。

图4-2

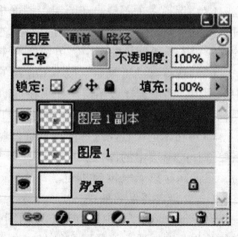

图4-3

点拨小贴士

复制图层最快捷的方式是:按下 Alt 键的同时拖动需要复制的图层,释放鼠标后即可完成对该图层的复制。

（七）链接图层

图层链接是同时将对多个图层的一些编辑操作联系起来，使对目前图层进行的变换、移动等编辑操作可以同时应用到多个图层上。

在图层控制面板上同时选取多个图层后，单击面板下方的"链接图层"按钮，即可创建链接图层，在链接图层中将显示链接标记。再次单击链接图层按钮，可取消图层之间的链接。如图 4 - 4 所示。

图 4 - 4

（八）合并图层

在编辑很多图层的复杂图像时，可以将已经编辑好的图层合并起来。这样能有效地减少图像文件大小，加快处理的运算速度，也利于对图层进行管理和归类。

Photoshop CS6 提供了三种不同的图层合并方式，它们被放置在"图层"菜单中。

（1）向下合并：将当前所选图层与下一层合并为一个图层。

点拨小贴士

当同时选择多个图层时，向下合并命令变为合并图层命令，执行该命令后可以将所选的所有图层合并为一个图层。

（2）合并可见图层：将图层面板中所有可见的图层合并成同一个图层，处于隐藏状态的图层将不会被合并。

（3）拼合图像：可以将所有图层拼合为单一的背景图层，文件会因此缩小，如果有图层处于隐藏状态，系统会弹出对话框提示是否要合并隐藏图层。

（九）应用组

应用组是一个重要的图层管理功能，它好比一个容器，能将多个图层放置在这个容器中，从而帮助用户有条理地对图层进行管理，这在进行复杂的图像编辑处理时非常有用。

1. 创建新组

在图层控制面板中单击"创建新组"按钮，即可新增一个空白的图层组。如图4-5所示。

图 4-5

2. 从图层新建组

选择需要装入组的图层后，单击图层控制面板中的按钮，在弹出的菜单中选择"从图层新建组"命令，在弹出的从图层新建组对话框中，设置好组属性后，按下确定，即可在创建新组的同时，自动将所选的所有图层放置在该组中。如图4-6和图4-7所示。

图 4-6

图 4 – 7

点拨小贴士

在选择需要装入组的图层后，按下 Ctrl + G 快捷键，即可以直接从图层新建组，减少了进行组属性设置这一步。

3. 锁定组内的所有图层

选取目标图层组，执行图层→锁定组内的所有图层命令，可以开启锁定组内的所有图层对话框，在此设置锁定图层的命令后，按下确定即可。如图 4 – 8 所示。

图 4 – 8

4. 删除组

删除组有两种形式，一种是删除组和组中的所有图层；另一种是仅删除组而保留组中的所有图层。

（十）图层的不透明度、混合模式和锁定操作

用户可以通过改变图层的不透明度和混合模式来调整图层中的图像效果，还可通过锁定图层方式来方便用户对图层进行相应的编辑。

（1）图层的不透明度。

（2）图层的混合模式。

（3）图层的锁定。

在图层控制面板上方，提供了4个锁定图层的功能按钮。如图4-9所示。

图 4 - 9

锁定透明像素按钮：用于锁定图层中的透明像素。选取该项后，在对该图层中的图像进行任何编辑和处理时，在图层中的透明区域将不受影响。

锁定图层像素按钮：用于锁定图层像素。选取该选项后，将不能对该图层中的图像进行任何的编辑和处理。

锁定位置按钮：用于锁定图像在窗口中的位置。选取该选项后，不能移动该图层的位置。

锁定全部按钮：用于锁定整个图层像素和图层的位置。

二、创建填充或调整图层

调整图层是有别于普通图层的一种特殊图层。从其名称来理解可知它是用作调整图像的图层，通过这个层可以为它下面的图层填充纯色、渐变色和图案等效果，也可以对它下面的图层进行色阶、曲线、色彩平衡、亮度/对比度、色相/饱和度等色彩的调整，从而达到调整图像整体效果的目的。

（一）创建填充图层

（1）执行图层→新建填充图层，在展开的下一级子菜单中可以选择所要创建的填充图层类型。

（2）选择纯色命令后，可以创建纯色的填充图层，用户可在拾色器对话框中自定义颜色参数。

（3）选择渐变命令后，可以创建渐变色的填充图层，用户可在渐变填充对话框中对渐变参数进行设置。

（4）选择图案命令后，可以创建图案的填充图层，用户可在图案填充对话框中对图案样式等参数进行设置。如图4-10和图4-11所示。

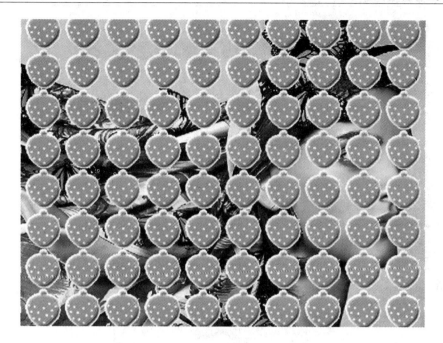

图 4 – 10

图 4 – 11

（二）创建调整图层

通过创建调整图层改变图像的色彩后，下层的图像中的实际像素色值将不会改变，这是使用调整图层最大的优点。如图 4 – 12 和图 4 – 13 所示。

图 4 - 12

图 4 - 13

点拨小贴士

在图层控制面板中单击"创建新的填充"或"调整图层"按钮，也可进行创建调整图层的设置。

三、添加图层样式

如果要为图层添加样式，可以先选择这一图层，然后采用下面任意一种方法打开"图层样式"对话框，进行效果的设定。

打开"图层→图层样式"下拉菜单，选择一个效果命令，可以打开"图层样式"对话框，并进入到相应效果的设置面板。如图4－14所示。

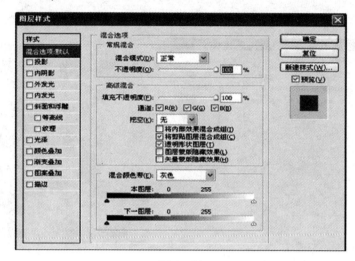

图 4 – 14

（一）投影样式

"投影"效果可以为图层内容添加投影，使其产生立体感。图4－15为"投影"效果参数选项，图4－16为添加投影后的图像。

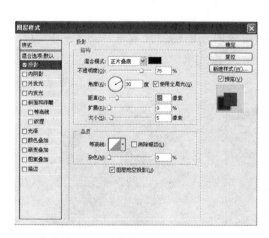

图 4 – 15

图 4 – 16

（二）内阴影样式

"内阴影"效果可以在紧靠图层内容的边缘内添加阴影，使图层内容产生凹陷效果。图4－17为内阴影参数，图4－18为修改后的图像。

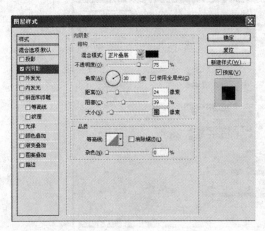

图 4 - 17　　　　　　　　　　　　　　　图 4 - 18

　　"内阴影"与"投影"的选项设置方式基本相同。它们的不同之处在于："投影"是通过"扩展"选项来控制投影边缘的渐变程度的，而"内阴影"则通过"阻塞"选项来控制。"阻塞"可以在模糊之前收缩内阴影的边界。"阻塞"与"大小"选项相关联，"大小"值越高，可设置的"阻塞"范围也就越大。

　　（三）外发光样式

　　"外发光"效果可以沿图层内容的边缘向外创建发光效果。图 4 - 19 为外发光参数选项，图 4 - 20 为添加外发光后的图像效果。

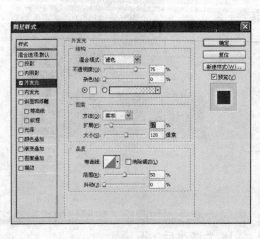

图 4 - 19　　　　　　　　　　　　　　　图 4 - 20

（四）内发光样式

"内发光"效果可以沿图层内容的边缘向内创建发光效果。图4-21为内发光参数选项，图4-22为添加内发光后的图像效果。"内发光"效果中除了"源"和"阻塞"外，其他大部分选项都与"外发光"效果相同。

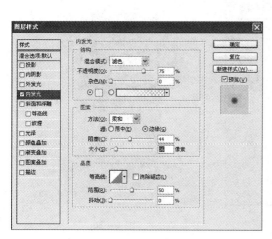

图4-21　　　　　　　　　　　　　　**图4-22**

（五）斜面和浮雕

"斜面和浮雕"效果可以对图层添加高光与阴影的各种组合，使图层内容呈现立体的浮雕效果。图4-23为斜面和浮雕参数选项，图4-24为添加该效果后的图像。

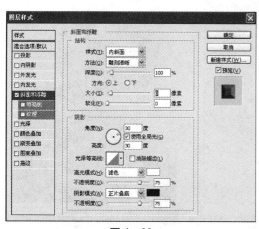

图4-23　　　　　　　　　　　　　　**图4-24**

（六）光泽样式

"光泽"效果可以应用光滑的内部阴影，通常用来创建金属表面的光泽外观。该效果没有特别的选项，但我们可以通过选择不同的"等高线"来改变光泽的样式。图4-25为光泽参数选项，图4-26为添加光泽后的图像效果。

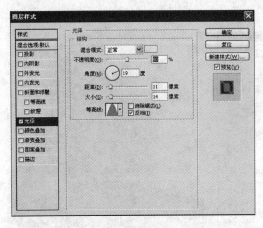

图4-25

图4-26

（七）颜色叠加样式

"颜色叠加"是指可以在图层上叠加指定的颜色，通过设置颜色的混合模式和不透明度，可以控制叠加效果。图4-27为颜色叠加参数选项，图4-28为添加该效果后的图像。

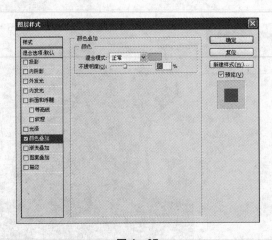

图4-27

图4-28

（八）渐变叠加样式

"渐变叠加"是指可以在图层上叠加指定的渐变颜色。图4-29为渐变叠加参数选项，图4-30为添加该效果后的图像。

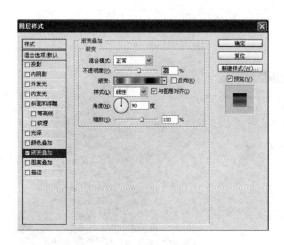

图4-29

图4-30

（九）图案叠加样式

"图案叠加"是指可以在图层上叠加指定的图案，并且可以缩放图案、设置图案的不透明度和混合模式。图4-31为图案叠加参数选项，图4-32为添加该效果后的图像。

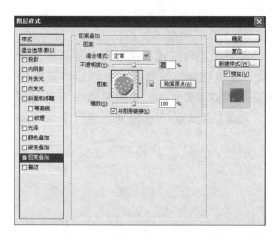

图4-31

图4-32

（十）描边样式

"描边"是指可以使用颜色、渐变或图案描画对象的轮廓，它对于硬边形状，如文字等特别有用。图4-33为描边参数选项，图4-34为使用颜色描边的效果。

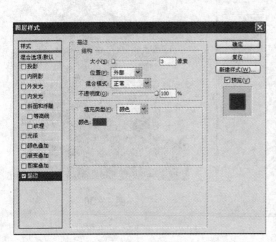

图4-33 图4-34

本章小结

通过本章内容的学习，读者可以对 Photoshop CS6 的图层功能有个完整、系统的了解。在本章中首先在认识图层及图层控制面板的基础上介绍了图层的基本操作方法，使读者掌握了创建图层/组、调整图层顺序、复制图层、链接图层、对齐和分布图层、调整图层不透明度、设置图层混合模式、锁定图层等基本的操作。通过介绍填充/调整图层、图层样式、蒙版功能，使读者可以创建填充图层来进行色彩和图案的填充，创建调整图层来调整图像色调，为图层添加适合的图层样式效果，并将图像中不需要显示的区域屏蔽起来，这些都是在进行图像处理时常用的操作。

第五章　蒙版与图像的合成

本章导读

使用蒙版可以对图层中的图像部分地隐藏，而且通过修改图层蒙版，可以对图层的显示范围进行编辑，而不会影响图层中的图像。

Photoshop CS6 中的蒙版主要分为图层蒙版、矢量蒙版和剪贴蒙版。

学习目标

➢ 了解蒙版的特点及类型。
➢ 掌握快速蒙版的使用方法。
➢ 掌握剪贴蒙版的使用方法。
➢ 掌握矢量蒙版的使用方法。
➢ 掌握图层蒙版的工作原理。
➢ 掌握如何用图层蒙版合成图像。

一、蒙版总览

蒙版一词源自于摄影，指的是控制照片不同区域曝光的传统暗房技术。Photoshop 中的蒙版与曝光无关，它借鉴了区域处理这一概念，可以处理局部图像。

（一）蒙版的种类和用途

在 Photoshop 中，蒙版是一种遮盖图像的工具，它主要用于合成图像，图5-1和图5-2为蒙版合成图像的精彩案例。我们可以用蒙版将部分图像遮住，从而控制画面的显示内容。这样做并不会删除图像，而只是将其隐藏起来，因此，蒙版是一种非破坏性的编辑工具。

Photoshop CS6 提供了三种蒙版：图层蒙版、剪贴蒙版和矢量蒙版。图层蒙版通过蒙版中的灰度信息来控制图像的显示区域，可用于合成图像，也可以控制填充图层、调整图层、智能滤镜的有效范围；剪贴蒙版通过一个对象的形状来控制其他图层的显示区域；矢量蒙版则通过路径和矢量形状控制图像的显示区域。

图 5-1　OLYMPUS 望远镜（戛纳广告节斗面类金奖）

图 5-2　意大利 La Cucina 美食杂志广告——更时尚、更美味

（二）添加图层蒙版

要在图层上添加图层蒙版，只要在图层控制面板上选取要加入蒙版的图层，然后单击"添加图层蒙版"按钮即可创建全白的图层蒙版。

点拨小贴士

（1）按住 Alt 键的同时单击添加图层蒙版按钮，可创建全黑的图层蒙版，此时可完全隐藏该图层中的所有图像。如图 5-3 和图 5-4 所示。

（2）在使用画笔工具涂抹的过程中，可适当调整画笔的不透明度，以使图像之间过渡得更加自然。使用黑色进行涂抹，可隐藏涂抹的区域；使用白色进行涂抹，可取消涂抹区域的遮罩效果。

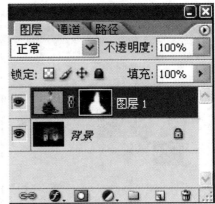

图 5 – 3   图 5 – 4

1. 按选区添加图层蒙版

用户还可在当前图层中创建一个未选区，然后单击"创建图层蒙版"按钮，即可将位于选区以外的图像区域全部隐藏。如图 5 – 5、图 5 – 6 和图 5 – 7 所示。

图 5 – 5

图 5 - 6

图 5 - 7

点拨小贴士

按下 Ctrl 键的同时单击图层控制面板中的"图层蒙版缩略图",可以按蒙版内容载入选区。

2. 停用或启用蒙版

在添加图层蒙版后,在图层蒙版缩览图上单击右键,在弹出的快捷菜单中选择"停用图层蒙版"命令,此时在图层蒙版缩览图中将出现停用标记,即可取消图层蒙版的效果。再次在图层蒙版的缩览图上单击鼠标右键,在弹出的快捷菜单中选择"启用图层蒙版"命令,即可恢复蒙版效果。

点拨小贴士

按下 Shift 键的同时单击"图层蒙版缩览图",可将图层蒙版在停用与启动之间进行切换。

(三) 添加矢量蒙版

选择需要添加矢量蒙版图层,执行"图层→矢量蒙版→显示全部"命令,可添加显示全部内容的矢量蒙版;执行"图层→矢量蒙版→隐藏全部"命令,则添加隐藏全部内容的矢量蒙版。

(四) 快速蒙版

快速蒙版是一种用于保护图像区域的临时蒙版。默认情况下,蒙版有以标准模式编辑和以快速蒙版模式编辑两种模式。

（五）剪贴蒙版

剪贴蒙版是一组图层的总称。创建剪贴蒙版必须有上下两个相邻的图层（即剪贴层和蒙版层）。创建剪贴蒙版的方法：

（1）在按住 Alt 键的同时，将光标放在图层调板中两个图层的分隔线上，当光标变成双圆形状时单击鼠标左键即可。

（2）在图层调板中选择位于上层的图层，然后按下 Ctrl + Alt + G 快捷键，即可快速执行创建剪贴蒙版的操作。

（3）在图层调板中选择要创建剪贴组的两个图层中的任意一个图层，然后依次选择"图层→创建剪贴蒙版"命令即可。

二、变换图层

用户可以将图层中的图像进行各种变换处理，执行"编辑→变换"中的各项子菜单命令或按下 Ctrl + T 组合键，即可对图像进行缩放、旋转、斜切、扭曲、透视、变形以及翻转等操作。

三、智能对象

利用智能对象，可以将位图图像或矢量图形装入智能对象中，当对智能对象所在图层进行各种变换时，装入智能对象中的位图或矢量图形将不受任何影响。

本章小结

通过本章内容的学习，读者可以对 Photoshop CS6 的蒙版功能有个完整、系统的了解。在本章中首先在认识蒙版的基础上介绍了蒙版的种类和用途，还介绍了图层蒙版、矢量蒙版、快速蒙版、剪贴蒙版等内容。使读者掌握了蒙版功能及添加方法，使读者可以创建图层蒙版、矢量蒙版、快速蒙版和剪贴蒙版。

实训拓展："香水广告"制作

设计结果：如图 5 - 8 所示的效果。

设计思路：先利用调整层调整背景及香水瓶颜色，然后使用蒙版与调整层结合调整香水瓶。

图 5 - 8

部分区域的颜色，最后输入文字即可。

操作提示：

（1）打开素材图。如图 5 - 9 所示。

图 5 - 9

（2）建立"色相/饱和度"调整层，勾选着色，色相设置为 292，饱和度设置为 41，亮度设置为 +40。如图 5 - 10 所示。

图 5 – 10

（3）新建图层，使用矩形选框工具和油漆桶工具绘制上下边框。如图 5 – 11 所示。

图 5 – 11

（4）打开香水素材并将它复制到图中，按住 Ctrl + T 组合键调整到适当大小。如图 5 – 12 所示。

图 5－12

（5）选取香水瓶，单击图层面板底部的调整图层按钮，在弹出的下拉列表中选取反相，并将图层的透明度设置为 50%。

（6）复制三个香水瓶图层，并按 Ctrl＋T 组合键，调整香水瓶的大小和位置。

（7）选取副本 2 中的香水瓶，单击图层面板底部的调整图层按钮，在弹出的下拉列表中选取色相/饱和度，色相设置为 28，饱和度为 0，亮度为 0，将其调整为绿色。

（8）选取副本 3 中的香水瓶，单击图层面板底部的调整图层按钮，在弹出的下拉列表中选取色相/饱和度，色相设置为 -38，饱和度设置为 0，亮度为 0，将其调整为红色。如图 5 - 13 所示。

图 5 -13

（9）输入文字。如图 5－14 所示。

图 5－14

练习制作

ZOO 标志如图 5－15 所示。

图 5－15

第六章 艺术字的制作

本章导读

文字、图像与色彩是构成一幅作品的三大要素，其中文字是进行平面绘图设计的必不可少的元素，是用于传达各种信息的主要手段。

在 Photoshop CS6 中输入的文字是作为一个单独的图层存在的，用户可以对内容进行修改，如文字属性的设置、文字图层的转换、沿路径排列以及对文字进行变形等，本章将详细介绍输入文字和对文字进行编辑的操作方法和技巧。

学习目标

➢ 输入文字。

➢ 编辑文字。

➢ 转换文字图层。

➢ 文字沿路径排列。

➢ 变形文字。

一、输入文字

在 Photoshop CS6 中提供了 4 种类型的文字工具。如图 6-1 所示。

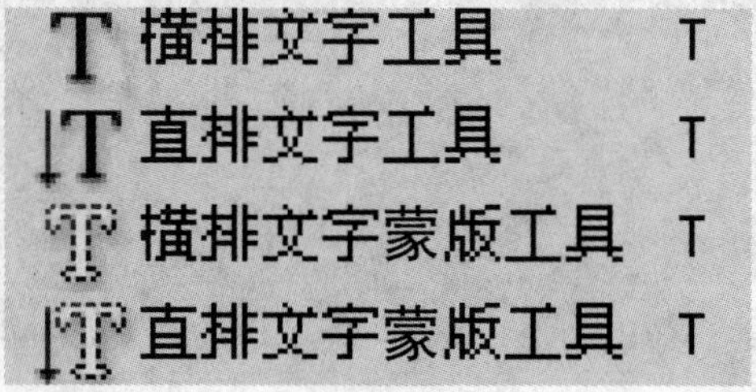

T 横排文字工具　　　T

IT 直排文字工具　　　T

T 横排文字蒙版工具　T

IT 直排文字蒙版工具　T

图 6-1

（一）输入文字

在 Photoshop CS6 中可以创建两种类型的文字，分别是点文本和段落文本。

1. 输入点文本

通常在文字内容较少的时候使用。如图 6 - 2 所示。

图 6 - 2

2. 输入段落文本

输入段文本和点文本方法相同，使用直排文字或横排文字时在图像窗口按下鼠标左键拖动，释放左键会创建一个段落文本框并出现文字光标，输入所需的文字后单击提交按钮即可。如图 6 - 3 所示。

图 6 - 3

（二）输入文字选区

使用横排文字蒙版工具和直排文字蒙版工具，在图像窗口中单击，在出现文字光标后输入文字，此时将以文字的图像范围作为基础来创建蒙版，输入完成后单击工具选项栏中的提交按钮，文字型的蒙版范围将自动转换成选区。

创建文字型选区后，就可以像编辑普通选区一样，对其进行填色、变换以及描边等操作了。如图6－4所示。

图6－4

二、编辑文字

在输入文字后，为了使文字更加切合所要表达的主题，并达到与图像、色彩相统一的效果，通常都需要对文字的字体、大小、颜色、间距以及对齐方式等属性进行设置。

（一）设置文字属性

（1）更改文字方向：直排和横排。

（2）更改字体列表框：设置文字的字体。

（3）更改字体样式列表：常规、粗体、斜体、粗斜体只有在选择英文字体时才会被激活。

（4）更改字号列表：选择文字的大小（见图6－5）。

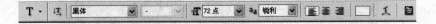

图6－5

（5） 锐利 列表：用于消除文字锯齿的方式（见图6－6）。

（6）文字对按钮：左对齐、居中对齐、右对齐。

（7）颜色选择块：可以设置文字的颜色。

（8）创建变形文字：用于对文字进行变形处理。

（9）按钮：单击该按钮，可以显示或隐藏字符和段落调板。

图6－6

（二）设置段落属性

"段落"面板用来设置段落属性。如图6－7所示。

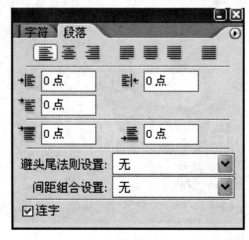

图6－7

如果要设置单个段落的格式，可以用文字工具在该段落中单击，设置文字插入点并显示定界框；如果要设置多个段落的格式，先要选择这些段落。如果要设置全部段落的格式，则可在"图层"面板中选择该文本图层。

另外，还可以设置段落的对齐方式和设置段落的缩进方式，设置段落的间距等。

三、转换文字

用户可以将文字图层转换为普通图层、路径或形状，以方便进行相应的编辑。

（一）栅格化文字图层

通过栅格化命令将文字图层转换为普通图层后，就可以像编辑普通图层一样丰富文字效果。

栅格化文字层的方法，选择需要转换的文字单击右键菜单或执行"图层→栅格化→文字"命令即可。

（二）将文字转换为路径

用户将文字转换为路径后，会在路径控制面板中自动创建一个工作路径，这时就可以对文字应用各种笔触的描边效果。

选择文字图层，执行"图层→文字→创建工作路径"命令，即可创建文字路径。如图6-8和图6-9所示。

图6-8

图 6 - 9

（三）将文字转换为形状

将文字转换为形状后，可以创建一个形状图层，此时的文字具有矢量图形的编辑能力，用户可以直接选择工具像编辑矢量图形一样，对文字的形状进行编辑。

执行"图层→文字→转换为形状"命令，即可按文字的外形转换为形状。

四、文字沿路径排列

在 Photoshop CS6 中，可以很轻松地制作文字沿路径排列的效果。如图 6 - 10 所示。

五、变形文字

在 Photoshop CS6 中，除了可以对图像和选区应用变形效果外，同样也能为文字应用变形的效果。如图 6 - 11 所示。

（1）弯曲：用于控制变形的程度。数值越大，变形效果越明显；数值为负时，文字将向相反方向变形。

（2）水平扭曲：控制文字在水平方向上的变形程度。

图 6 – 10

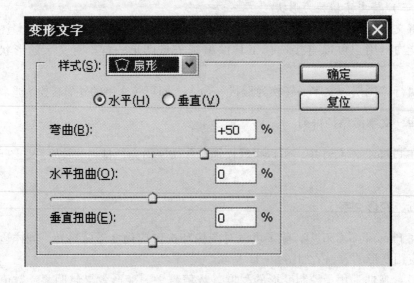

图 6 – 11

（3）垂直扭曲：控制文字垂直方向上的变形程度。

范例：为图加入文字

操作步骤：

第一步：打开素材，选择横排文字工具。如图 6 – 12 所示。

图 6 – 12

第二步：选择方正姚体，24 点输入文字，字体颜色为紫色。如图 6 – 13 所示。

图 6 – 13

第三步：选择集锦两字，在选择栏中设置为华文彩云字体，颜色改为绿色。如图 6-14 所示。

图 6-14

第四步：将集锦两字进行颜色填充，先栅格化图层，再建立选区进行颜色的填充。如图 6-15 所示。

图 6-15

本章小结

本章主要介绍了在 Photoshop CS6 中输入并编辑文字的各项操作方法和技巧。通过本章的学习，使读者认识了 Photoshop CS6 中的文字工具并掌握了输入点文本、段落文本和文字选区的方法；通过对字符和段落调板的介绍，使读者掌握设置文字属性和段落属性的方法。通过文本的转换功能，可以将输入文字转换为普通图像、路径和形状，以方便对文字应用各种滤镜效果、各种笔触的描边效果以及对文字进行形状上的编辑，以制作出各种个性的专有字体。

最后，通过详细讲解文字沿路径排列、文字在形状内排列以及文字的变形功能，使读者掌握了更多的文字处理技巧。

实训拓展："蝴蝶文字"制作

图 6 – 16

设计结果：如图 6 – 16 所示的效果。

设计思路：在创建的形状路径中输入文字后，就可创建各种异形轮廓的段落文本。

操作提示：

（1）选择自定形状工具，在其工具选项栏中单击路径按钮，选择蝴蝶形状样式，在图像窗口绘制出来。如图 6 – 17 所示。

图 6 – 17

（2）选择横排文字工具，在工具选项栏中设置适当的文字颜色后，将光标移至路径中输入所需要的文字。如图 6 – 18 所示。

图 6 – 18

（3）在字符调板中为文字设置适当的字体、字体大小、间距属性。如图
6 – 19所示。

图 6 – 19

第七章　绘画与图像的编辑

本章导读

在本章我们将学习绘画与图像修饰的相关知识，尤其是绘画工具的使用，在学习中一定要结合课堂案例以及课堂练习，熟悉各个绘画工具的具体使用方法，这样才能为学习后面的知识打下坚实的基础。

学习目标

➢ 掌握颜色的设置方法。

➢ 掌握"画笔"面板以及绘画工具的使用方法。

➢ 掌握图像修复工具的使用方法。

➢ 掌握图像擦除工具的使用方法。

➢ 掌握图像润饰工具的使用方法。

一、认识绘图

使用绘图工具是 Photoshop CS6 的主要图像创建方式。

（一）画笔工具组

画笔工具组由"画笔工具"、"铅笔工具"和"颜色替换工具"组成。如图 7-1 所示。

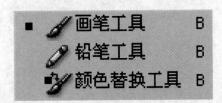

图 7-1

1. 画笔工具和铅笔工具

画笔工具可以创建柔软的线条，可用于绘制如同水彩笔或毛笔效果的线条笔触，铅笔工具可绘制硬边的直线或曲线，其效果类似铅笔，二者的差异在于，画笔工具常常用于绘制较宽的笔触，并且通过选项的设置，可以当作喷枪来使用。而铅笔常常用于绘制较细的硬边直线。

点拨小贴士

我们可以按下"B"键从工具栏选择画笔工具，如果选中了铅笔就按"Shift + B"组合键切换到画笔。然后按下"D"键，它的作用是将颜色设置为默认的前景黑色、背景白色。也可以点击工具栏颜色区的默认按钮（下图红色箭头处）。点击蓝色箭头将交换前景和背景色，如果按下前景色将变为白色而背景色变为黑色，它的快捷键是"X"。

在工具箱中选取"画笔工具"，通过工具选项栏可以设置画笔的各种属性。如图 7 - 2 所示。

图 7 - 2

（1）画笔：单击其下拉按钮，在弹出的下拉式面板中，可在选取画笔笔触样式的同时，对画笔大小硬度进行设置。

现在设置笔刷直径为30，硬度为100%，用黑色在图像左部点一下，这样出现了一个圆。然后把笔刷硬度设为50%，在图像右边再点击一次，然后设为0%点击第三个，将会出现不同的三个圆。如图 7 - 3 所示。

图 7 - 3

（2）模式：设置画笔颜色与下方图层颜色的混合模式。
（3）不透明度：设置画笔工具颜色的不透明度。
（4）流量：颜色的喷出浓度，与设置不透明度有些类似。不同之处在于不透明度是指整体颜色的浓度，而喷出量是指画笔颜色的浓度。

（5）喷枪效果：在选项栏中按下喷枪按钮后，此时的画笔工具类似一个喷枪，在一个位置停留的时间越长，所喷洒出的颜色就越多，其颜色就越浓。

现在我们选择一个30像素的画笔，硬度为0，不透明度和流量都为100%。喷枪方式开启后，在图像左侧单击一下，然后在图像右侧按住鼠标约2秒。会形成类似图7-4的图像。

图7-4

（6）切换画笔调板：可以快速调出画笔控制面板，进行动态画笔的具体设置。如图7-5所示。

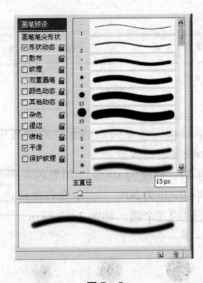

图7-5

2. 颜色替换工具

使用颜色替换工具可以任意更改图像区域中的颜色，同时保留原始图像的纹理和阴影。

使用颜色替换工具的具体步骤如下：

第一步：在工具箱中选择颜色替换工具。

第二步：单击工具箱中的设置前景色按钮，在弹出的拾色器对话框中选取适合的颜色。

　　第三步：在图像窗口中将需要替换的颜色区域的图像颜色替换为前景色。如图7-6和图7-7所示。

图7-6

图7-7

　　（1）画笔：用来设置画笔的大小、硬度和间距等参数。如图7-8所示。

　　（2）模式：可在该选项的下拉列表中选择色相、饱和度、颜色或亮度，从而在所选的模式下进行颜色的替换。

　　（3）容差：用来设置所替换颜色的不透明度。

　　（4）清除锯齿：选中该复选框后，使用颜色替换工具在图像中涂抹时，将自动清除笔触中的锯齿现象。

图7-8

3. 画笔调板

　　除了直径和硬度的设定外，Photoshop CS6针对笔刷还提供了非常详细的设定，这使得笔刷变得丰富多彩，而不再只是我们前面所看到的简单效果。快捷键"F5"即可调出画笔调板，注意这个画笔调板与画笔工具并没有依存关系，这是笔刷的详细设定调板。其实应该命名为笔刷调板更为合适。

　　（1）画笔笔尖形状：点击画笔调板左侧的"画笔笔尖形状"，如果下面各选项（如形状动态）有打钩的，先全部去掉。然后在笔刷预设列表中选择9像素的笔刷，如图7-9所示。从中我们看到了熟悉的直径和硬度，它们的作用和前面我们接触过的一样，是对大小和边缘羽化程度的控制。

1）最下方的一条波浪线是笔刷效果的预览，相当于在图像中画一笔的效果。每当我们更改了设置以后，这个预览图也会改变。

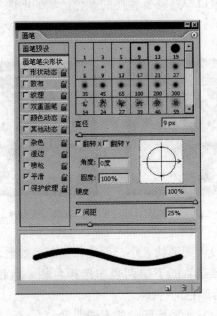

图 7 - 9

2）现在看一下硬度下方的间距选项，现在的数值是 25% ，这是什么意思呢？

实际上我们前面所使用的笔刷，可以看作是由许多圆点排列而成的。如果我们把间距设为 100% ，就可以看到头尾相接依次排列的各个圆点，如图 7 - 10 中的左图所示。如果设为 200% ，就会看到圆点之间有明显的间隙，其间隙正好足够再放一个圆点。如图 7 - 10 中的右图所示。由此可以看出，那个间距实际就是每两个圆点的圆心距离，间距越大圆点之间的距离也越大。

图 7 - 10

3）为什么我们在前面画直线的时候没有感觉出是由圆点组成的呢？

那是因为间距的取值是百分比，而百分比的参照物就是笔刷的直径。当直径本身很小的时候，这个由百分比计算出来的圆点间距也小，因此不明显。而当直径很大的时候，这个由百分比计算出来的间距也大，圆点的效果就明显了。

我们可以作一个对比试验，保持 25% 的间距，分别将直径设为 9 像素和 90 像素，然后在图像中各画一条直线，再比较一下它们的边缘。如图 7 - 11 中的左图所示。可以看到第一条直线边缘平滑，而第二条直线边缘很明显地出现了弧线，这些弧线就是由许多的圆点外缘组成的。如图 7 - 11 中的右图所示。

图 7 - 11

正因如此，所以使用较大的笔刷的时候要适当降低间距，但间距的距离最小为 1%，而笔刷的直径最大可以为 2500 像素。那么当笔刷直径为 2500 像素时，圆点的间距最小也达到 25 像素，看起来是很明显的。如果遇到这样的情况，干脆就画一个大的长方形来代替也好。需要注意的是，如果关闭间距选项，那么圆点分布的距离就以鼠标拖动的快慢为准，慢的地方圆点较密集，快的地方则较稀疏。

4）之前我们使用的笔刷都是一个正圆形，现在多了一个圆度的控制，我们就可以把笔刷形状设为椭圆形了。圆度也是一个百分比，代表椭圆长短直径的比例。100% 时是正圆，0% 时椭圆外形最扁平。角度就是椭圆的倾斜角，当圆度为 100% 时角度就没意义了，因为正圆无论怎么倾斜样子都一样。

除了可以输入数值改变以外，也可以在示意图中拉动两个控制点（红色箭头处）来改变圆度，在示意图中任意点击并拖动即可改变角度。如图 7 - 12 所示。

图 7 - 12

使用翻转 X 与翻转 Y 后，虽然设定中角度和圆度未变，但在实际绘制中会改变笔刷的形状。如图 7 - 13 中的左图所示，横方向是翻转 X 的效果，竖方向是翻转 Y 的效果。

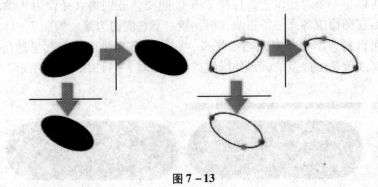

图 7 - 13

看起来似乎两种翻转效果是一样的，都是旋转了一定的角度，其实不是。翻转和旋转是两个截然不同的概念。如图 7 - 13 中的右图所示，仔细观察一下椭圆边缘红色、绿色、蓝色三个点在翻转之后的位置，就会明白这并不是旋转所能够做到的。翻转又称为镜像。把图 7 - 13 左上角的椭圆画在纸上，然后拿一面镜子，分别放在图中两条细线的位置，从镜子中看到的情景就是镜像。

前面我们说过笔刷间距的问题，这个间距在椭圆下有些特殊。我们设置一个直径 20 像素，角度 15，圆度 50%，间距 200% 的笔刷，按住 Shift 键绘制一个类似图 7 - 14 左图的效果。看到两条直线笔刷的距离不一样，这是为什么呢？

因为椭圆有两条标准作图半径（直径），一条最长一条最短，称为长半径（直径）和短半径（直径）。作为笔刷间距的是前后两个圆点的圆心距离，而这个距离正是以短半径（直径）作为标准的。注意我们设置的间距为 200%，如果椭圆的长直径为 10 像素，短直径为 5 像素，笔刷圆点的圆心距离就是 $5 \times 200\% = 10$ 像素。此时如果沿着椭圆的长直径方向绘制，将会看到圆点头尾相接，因为圆点之间 10 像素的圆心距离和本身 10 像素的长直径相等。而只有沿着短直径方向绘制，才会真正看到 200% 的间距效果。如图 7 - 14 中图所示，预览图中的两条直线就是椭圆的长直径和短直径，而左图就是大体沿着这两条直线的方向绘制的。

图 7 - 14

如果把圆度设置得大一些，比如60%，这个时候用200%的间距就无论如何也不可能画出相接或重叠的圆点了。如图7－14右图所示。

如果要在长半径方向上头尾相接，那么圆度乘以间距必须等于1。大于1就相离，小于1笔刷圆点就会有重叠部分。

因此当笔刷为椭圆的时候，绘制的实际间距可能会小于所设定的间距大小。当笔刷为正圆时，由于长短直径相等，则不会有这种情况出现。而要保证笔刷间距在任何方向上都相等，就必须为正圆笔刷。

除了正圆与椭圆之外，我们以后还会学习用任意形状作为笔刷。

（2）形状动态：现在我们来看一下笔刷设定中的形状动态是怎么回事。先在笔尖形状设定中把间距设为150%。然后点击"形状动态"选项，将大小抖动设为100%，控制选择关（没有绘制图板设备的情况下选择钢笔压力也可），最小直径、角度和圆度都选择0%，会看到如图7－15所示的效果。所谓抖动就是随机，所谓随机就是无规律的意思。比如说一个随机个位数，那么这个数字可能是1，可能是8，也可能是3，是完全没有规律的。就如同你把手中的沙子撒落到地上，沙粒的落点就属于随机，随机数是不可预测的。如图7－16所示。

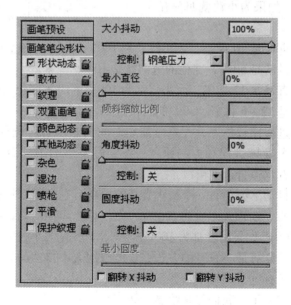

图7－15

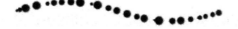

图7－16

1）大小抖动。大小抖动就是大小随机，表示笔刷的直径大小是无规律变化着的。因此我们看到圆点有的大有的小，且没有变化规律。如果你多次使用这个笔刷绘图，那么每次绘制出来的效果也不会完全相同。

在这里我们把间距设为150%，是为了更好地看清楚笔刷圆点大小变化的效果，如果把间距设为标准的25%，那么就是如图7-17所示的效果了。看起来有点像被磨损的印章边缘。

图7-17

大小抖动（随机）的数值越大，抖动（随机）的效果就越明显。笔刷圆点间的大小反差就越大。这个百分比是笔刷直径与1像素之间数值差的比例。

大小抖动的最小直径计算公式为：笔刷直径-笔刷直径×抖动百分比。答案如果为0就加1，如果为小数就四舍五入。

举例说明：

如果笔刷的直径是10像素，大小抖动是100%的话，变化的范围就是10~1像素。如果大小抖动是50%，变化的范围就是10~5像素。

如果笔刷的直径是12像素，大小抖动为100%的时候变化的范围是12~1像素，50%的时候是12~6像素。30%的时候是12~8像素。

上面的计算过程比较枯燥，大家可能短时间内难以思考透彻。这没有关系，这里只是演示一个推导过程和控制原理，在实际使用中很少需要这样精确的计算，只要自己看着觉得合适就可以了。

注意在大小抖动下方还有一个最小直径的选项，它是用来控制在大小抖动中最小的圆点直径的。如果大小抖动100%，最小直径30%的话，绘制效果等同于单纯大小抖动70%。如果两者都为100%就等同于没有大小抖动。可是，刚才已经通过公式知道了计算最小直径的方法，也可以用大小抖动的数值来控制最小直径，那为什么又要有这个"画蛇添足"的选项？

这个问题先放一下，我们先来绘制三条直线。

第一条直线：把笔刷直径设为10像素，间距150%、圆度100%、大小抖动0%。控制选择关。

第二条直线：在第一条设定的基础上，启用大小抖动下面的"控制"选项，选择"渐隐"，后面的数字填20，最小直径0%。如图7-18中的左图所示。

第三条直线：在第二条设定的基础上，将最小直径设为20%。如图7-18中的右图所示。那么三条直线的绘制效果如图 7 - 18 中的下图所示，从上至下排列。

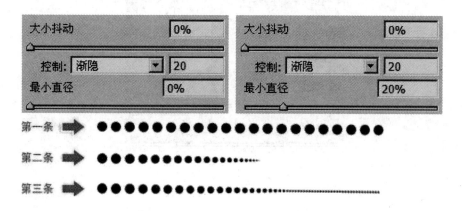

图 7 - 18

这究竟是怎么回事呢？首先明白什么叫渐隐。渐隐的意思是"逐渐地消隐"，指的是从大到小，或从多到少的变化过程，是一种状态的过渡。就如同喝杯子中的饮料一样，喝的过程就相当于饮料的渐隐过程。

现在来看第一条直线，那样的设定实际上使整个"形状动态"选项形如虚设，因为没有任何有效的控制设定。

而第二条直线打开了渐隐控制，意味着从 10 像素的大小开始"逐渐地消隐"，消隐到多少？到 0 像素为止。所以我们看到笔刷圆点逐渐缩小直至完全消失。那么这个渐隐的长度如何控制？就是后面填的数值 20，这个 20 代表步长，意味着经过 20 个笔刷圆点。大家可以去仔细数一下。

第三条直线打开了最小直径的控制，10 像素的 20% 就是 2 像素，此时渐隐选项不能完全消隐笔刷了，消隐的最小值是 2 像素。步长仍然为 20 步，那么从10 像素过渡到 2 像素的过程是 20 个笔刷圆点，20 个笔刷圆点之后保持 2 像素的大小，这 2 像素永不消隐。

2）角度和圆度抖动。至于"形状动态"中的"角度抖动"和"圆度抖动"两个控制选项，顾名思义就是对扁椭圆形笔刷角度和圆度的控制。定义过程和相应关系与前面所说的大小抖动是一样的，这里就不再介绍详细的定义过程，大家自己动手去试验效果。为了让效果更明显，最好先更改一下前面所用的笔刷：角度 90，圆度 50%，间距 300%。如图 7 - 19 所示。

所谓角度抖动就是让扁椭圆形笔刷在绘制过程中不规则地改变角度，这样看起来笔刷会出现"歪歪扭扭"的样子。如图 7 - 20 所示。

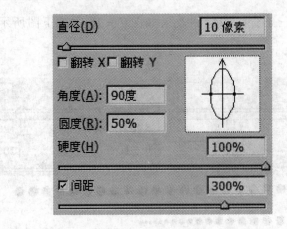

图 7 - 19

图 7 - 20

圆度抖动就是不规则地改变笔刷的圆度，这样看起来笔刷就会有"胖瘦"之分。可以通过"最小圆度"选项来控制变化的范围，道理和大小抖动中的最小直径一样。如图 7 - 21 所示。

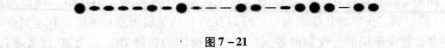

图 7 - 21

注意，在笔刷本身的圆度设定是 100% 的时候，单独使用角度抖动没有效果。因为圆度 100% 就是正圆，正圆在任何角度看起来都一样。但如果同时圆度抖动也开启的话，由于圆度抖动让笔刷有了各种扁椭圆形，因此角度抖动也就有效果了。

翻转 X 与翻转 Y 的抖动选项同笔刷定义中的翻转意义相同。在正圆或椭圆笔刷下没有多少实际意义，在其他形状笔刷下才有效果。

到现在为止，我们使用的都是正圆或者椭圆的笔刷，比较枯燥，变来变去都是那几个效果。现在我们来使用其他形状的笔刷。

如图 7 - 22 所示，在画笔笔尖形状中选择一个枫叶形状（红色箭头处），这个笔刷的取样大小是 74 像素，如果手动更改了这个数值可以通过点击"使用取样大小"按钮来恢复。有关笔刷取样将在以后介绍。现在将直径改为 45 像素大小并将间距设为 120%。这样设定是因为比较适合我们现在的 400×300 图像尺寸而已。大家完全可自己决定其他数值，也可以另建其他尺寸的图像。

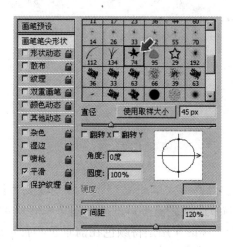

图 7-22

是不是因为一直用黑色绘图觉得压抑？那我们换一个橙色（243，111，33）的前景色，在 Photoshop CS6 中前景色就是绘图工具的颜色。注意即使更改了前景色，在笔刷设定调板下方的预览图中也仍然是黑色。

现在比较一下翻转 X 和翻转 Y 的效果，如图 7-23 所示，第一行是没有翻转抖动的效果。第二行是加上了翻转 X 与翻转 Y 的效果。可以看出第二行的枫叶（如图 7-23 中左起第 3 与第 4 个枫叶）呈现上下左右颠倒的样子，这就是翻转效果了，也称为镜像。

图 7-23

现在我们设定更多的选项：大小抖动 70%，角度抖动 100%，圆度抖动 50%。这样看起来就"大小不同，角度不同，正扁不同"了。然后再把间距设为 100%，这样就出现了一个"心"形图案。如图 7-24 所示。

图 7 – 24

（3）颜色动态：觉得色彩太单一吗？那来做些改变，让色彩丰富起来。我们使用"颜色动态"选项来达到这个目的。如图 7 – 25 所示，将"前景/背景抖动"设为 100% 。这个选项的作用是将颜色在前景色和背景色之间变换，默认的背景是白色，也可以自己挑选。

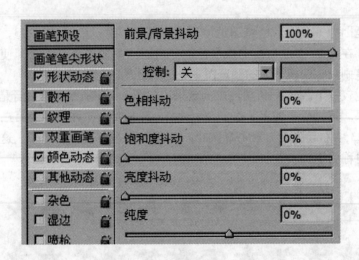

图 7 – 25

1）色相抖动。图 7 – 26 在绘制中更换了 5 种背景色：黄色、灰色、绿色、蓝色、紫色。加上前景色橙色，总共是 6 种颜色。但是仔细观察就会发现其实远不止 6 种颜色，这是为什么呢？

图 7 – 26

因为抖动的效果是在一段范围内的，而不只局限于两个极端。如同前面笔刷直径的大小抖动一样，并不是只有最大和最小两种直径，而是还有中间过渡的一系列直径大小。这里的抖动也是一样的道理，所挑选的前景色和背景色只是定义了抖动范围的两个端点，而中间一系列随之产生的过渡色彩都包含于抖动的范围中。如图 7 – 27 所示，头尾的两个色块就是前景色与背景色，中间是前景色与背景色之间的过渡带。

图 7 – 27

在前景/背景抖动中，也有控制选项，它的使用方法和我们前面接触过的类似，如果选择渐隐的话，就会在指定的步长中从前景色过渡到背景色，步长之后如果继续绘制，将保持为背景色。将前景/背景抖动关闭（设为 0%）。来看一下下面的色相抖动、饱和度抖动、亮度抖动。其实色相、饱和度、亮度就相当于HSB 色彩模型，这里的抖动就是利用这种色彩模式来进行的。

现在把前面绘制的心形图像调入 Photoshop CS6，然后使用菜单"图像调整→色相/饱和度"或快捷键"Ctrl + U"，这样就启动了一种色彩调整的功能，如图 7 – 28 所示。试着更改色相、饱和度和明度（亮度），将会看到在更改色相时会把橙色变为红色、蓝色等。更改饱和度会使橙色偏灰或偏艳丽。更改明度（亮度）会导致偏黑或偏白。

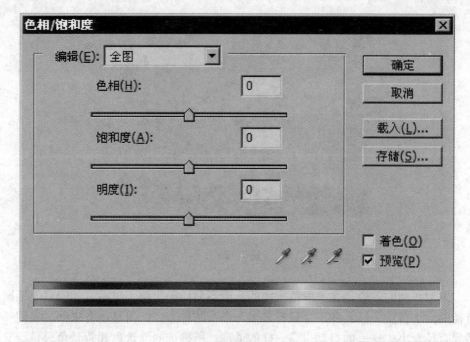

图 7 − 28

现在我们还是使用前面的枫叶形状笔刷，将大小设在 30 像素，圆度 100%，间距 100%，关闭形状动态，关闭色彩抖动中的其他选项。选择一个纯红的前景色，将色相抖动分别设置在 20%、50%、80% 和 100%，各绘制一条直线，效果如图 7 −29 所示。

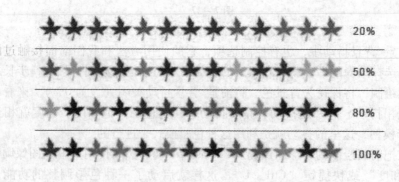

图 7 − 29

可以看到，色相抖动程度越高，色彩就越丰富。这是为什么呢？这个色相抖动的百分比又是以什么为标准的呢？

先来回答第二个问题，这个百分比是以色相范围为标准的。色相是一个环形，为了方便观看，我们将色相环180度的地方剪开，拉成一个中间是红色，两头是青色的色相条，如图7-30所示。

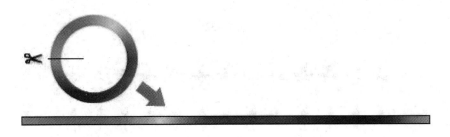

图7-30

我们挑选的颜色是红色，红色正好位于这个色相条的中心点。那么色相抖动的百分比就是指以这个红色为中心，同时向左右两边伸展的范围。因此，我们绘制的4条枫叶直线，所占用的色相范围如图7-31所示。从图中来看，百分比越大包含的色相越多，因此出现的色彩就越多。前面的第一个问题就迎刃而解了。

图7-31

并且，利用这张图我们也可以大致推测所出现的色相有哪些：20%只有红色和一些橙色；50%比上一条多了些紫色和黄色还有洋红色；80%比上一条又多了些绿色和蓝色，但是绝对没有青色；100%最明显的变化就是多出了青色。大家可以对照图7-31看看。

2）饱和度抖动。饱和度抖动会使颜色偏淡或偏浓，百分比越大变化范围越广。如图7-32所示，是在关闭其他的抖动后，分别使用50%饱和度抖动和100%饱和度抖动绘制的效果。

3）亮度（明度）抖动。亮度（明度）抖动会使图像偏亮或偏暗，百分比越大变化范围越广。如图7-33所示，是在关闭其他抖动后，分别使用30%亮度抖动和100%亮度抖动绘制的效果。

图 7 – 32

图 7 – 33

4）纯度。在颜色动态中还有最后一个选项：纯度。这不是一个随机项，因为后面没有抖动二字。这个选项的效果类似于饱和度，用来整体地增加或降低色彩饱和度。它的取值为 ±100% 之间，当为 – 100% 的时候，绘制出来的都是灰度色；为 100% 的时候色彩则完全饱和。如果纯度的取值为这两个极端数值时，饱和度抖动将失去效果。

（4）散布。在这之前我们对笔刷进行了形状和颜色的改变，所学习的内容中尽管有各种各样的随机性，但都是诸如间距、颜色、大小之类的，所绘制的轨迹还是可以看得一清二楚的。要想达到在分布上的随机效果，我们需要来学习散布。先设定一个笔刷：5 像素，圆度 100%，间距 150%。关闭形状动态、颜色动态及其他所有选项后，进入散布选项，将散布设为 500%。如图 7 – 34 所示。

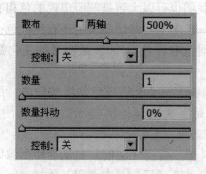

图 7 – 34

这时候绘制就可以得到如图 7 – 35 所示的效果，可以看到笔刷的圆点不再局限于鼠标的轨迹上，而是随机出现在轨迹周围一定的范围内，这就是所谓的散布。

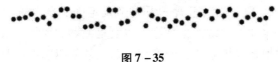

图 7 - 35

注意有一个"两轴"的选项，这是做什么用的呢？

为了让效果更明显，我们把笔刷直径改为 15 像素，间距 100%，散布 100%，然后在关闭和打开这个选项下分别画一条直线，如图 7 - 36 中的左图所示。看上去有点不大一样吧？我们再加上网格看一看，如图 7 - 36 中的右图所示。

图 7 - 36

由此可以看到如果关闭两轴选项，那么散布只局限于竖方向上的效果，看起来有高有低，但彼此在横方向上的间距还是固定的，即笔刷设定中的 100%。如果打开了两轴选项，散布就在横竖方向上都有效果了。所以第二条线上的圆点不仅有高有低，彼此的间距也不一样。

在散布选项下方，有一个数量的选项，它的作用是成倍地增加笔刷圆点的数量，取值就是倍数。那么现在我们再用回 5 像素，间距 150% 的笔刷，散布 500% 两轴。用数量 1 和 4 分别绘制两条直线，效果如图 7 - 37 所示。可以看出第二条线上的圆点数量明显多于第一条线。从理论上来说，相当于第一条直线绘制 4 次。

图 7 - 37

数量选项下方的数量抖动选项就是在绘制中随机地改变倍数的大小。参考值是数量本身的取值。就如同最早学习的大小抖动是以笔刷本身的直径为参考一样。在抖动中数值都只会变小，不会变大。也就是说，只会比 4 倍少或相等，但不会比 4 倍更大。

（5）杂色选项。现在我们来看一下笔刷设定中的杂色选项，如图 7 – 38 所示，它的作用是在笔刷的边缘产生杂边，也就是毛刺的效果。杂色是没有数值调整的，不过它和笔刷的硬度有关，硬度越小杂边效果越明显。对于硬度大的笔刷没什么效果。

图 7 – 38

湿边选项是将笔刷的边缘颜色加深，看起来就如同水彩笔效果一样。如图 7 – 39 所示。

图 7 – 39

（6）喷枪。喷枪的作用和我们之前学到的喷枪方式是完全一样的。既然是一样的为什么要设置两个呢？这是因为这里的喷枪方式可以随着笔刷一起保存。这样下次再使用这个储存的预设时，喷枪方式就会自动打开。

（7）平滑选项。平滑选项主要是为了让鼠标在快速移动中也能够绘制较为平滑的线段，如图 7 – 40 中的右图是关闭与开启平滑选项后的效果对比。不过开启这个选项会占用较大的处理器资源，在配置不高的电脑上运行将较慢。

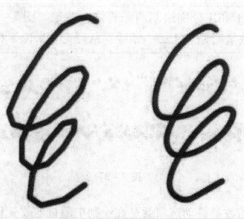

图 7 – 40

（二）修复画笔工具组

修复画笔工具组包括污点修复画笔工具、修复画笔工具、修补工具和红眼工具。它们的功能是辅助画笔工具，对绘制的图像进行相应的修补，从而获得更好的画面效果。

1. 污点修复画笔工具

污点修复画笔工具会自动对图像中的不透明度、颜色与质感进行像素取样，只需要在污点上单击鼠标左键即可校正图像上的污点。选择该工具后，工具选项栏如图 7 – 41 所示。

图 7 – 41

图 7 – 42 为原图像，图 7 – 43 是在有污点的地方单击后，去掉污点后的效果。

图 7 – 42   图 7 – 43

2. 修复画笔工具

修复画笔工具可以将图像的缺失部分加以修整，该工具和仿制图章工具有点类似，同样都是通过复制局部图像来进行修补，不同的是，修复画笔工具能让复制的图像与原图像间产生较自然的融合。如图 7 – 44 所示。

图 7 – 44

（1）取样：选中该单选项，然后在图像中按住 Alt 键的同时单击进行取样，以取样点的图像覆盖需要修改的区域。

（2）图案：选中该单选项，可以在后面的下拉列表框中选择一个适合的图案，使用该图案来修复需要修改的区域。如图 7 - 45 和图 7 - 46 所示。

图 7 - 45　原图

图 7 - 46　效果图

3. 修补工具

修补工具可以非常方便地对图像中的某一个区域进行修补。如图 7 - 47 所示。

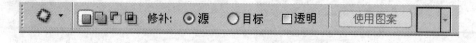

图 7 - 47

（1）源：选中该单选项，选区内的区域将作为修补的对象，拖动选区至用于修补该区域的部位，释放鼠标后，用于修补的图像区域将被复制至需要修补的区域，并自动与周围的像素与色彩进行融合，以达到修复的效果。如图 7 - 48 所示。

（2）目标：选中该单选项后，操作方法与选择源相反，选区内的区域将作为用于修补的图像区域，将该区域拖曳至需要修改的位置，释放鼠标后，选区中的图像也会与周围的像素和色彩自然融合。如图 7 - 49 所示。

图 7 – 48　　　　　　　　　　　　　　　图 7 – 49

4. 红眼工具

使用红眼工具可以对图像中因曝光等问题而产生的颜色偏差进行有效修正。如图 7 – 50 所示。

图 7 – 50

（1）瞳孔大小：用于设置瞳孔的大小。

（2）变暗量：用于设置瞳孔变暗的程度。

设置好各项参数后，在图像中的红眼位置上单击鼠标，即可消除红眼。如图 7 – 51 和图 7 – 52 所示。

图 7 – 51　　　　　　　　　　　　　　　图 7 – 52

（三）历史画笔工具组

历史画笔类工具包括历史记录画笔工具和历史记录艺术画笔，下面分别介绍使用这两种工具的方法。如图 7 - 53 所示。

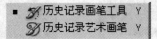

图 7 - 53

1. 历史记录画笔工具

历史记录画笔工具用来记录图像中的每一步操作，它可以将图像恢复为历史记录面板中的某一历史状态，以此产生特殊的图像效果。如图 7 - 54 所示。

图 7 - 54

2. 历史记录艺术画笔

历史记录艺术画笔工具同样可以让用户根据目前图像中的某个记录或快照来绘制图像，不同的是它可以设置画笔的笔触，以产生特殊的图像效果。

（1）样式：用于选择绘图的样式，其中提供了 10 种样式，每种样式都能产生不同的效果。

（2）区域：用于设置绘制时所覆盖的像素范围。数值越大，画笔所覆盖的范围就越大；反之就越小。

点拨小贴士

这里只是简单介绍了使用历史记录画笔工具进行图像绘制的其中一种方法，用户还可以对图像应用多种效果后，再使用该工具对图像进行绘画，以达到各种不同的艺术效果。

二、颜色混合模式

（1）混合模式是指画笔颜色与图层颜色之间混合的模式，选择不同的混合模式后，绘制的图像效果也会不同。用户可以在画笔工具选项栏模式下拉列表中进行颜色混合模式的设置。

（2）正常：在编辑或绘制每个像素时，使其成为结果色。

（3）溶解：编辑或绘制每个像素时，使其成为结果色，它会根据任何像素位置的不透明度使结果色由基色或混合色的像素随机替换。

（4）正片叠底：将基色与混合色相加，结果色总是较暗的颜色。任何颜色与黑色相加产生黑色，与白色相加则保持不变。当用黑色或白色以外的颜色绘画时，绘画工具绘制的连续描边将产生逐渐变暗的颜色。

（5）颜色加深：通过增加对比度使基色变暗以反映混合色，与白色混合后不发生变化。颜色减淡选项与该选项的功能相反。

（6）线性加深：通过减小亮度使基色变暗以反映混合色，与白色混合后不发生变化。线性减淡选项与该选项的功能相反。

（7）滤色：将混合色的互补色与基色混合，结果色总是较亮的颜色。用黑色过滤时颜色保持不变，用白色过滤时将产生白色。此效果类似于多个摄影幻灯片在彼此之间的投影。

（8）叠加：复合或过滤颜色将取决于基色。图案或颜色在现有像素上叠加，同时保留基色的明暗对比，不替换基色，但基色与混合色相混合将反映原色的亮度或暗度。

（9）柔光：使颜色变亮或变暗将取决于混合色，此效果与发散的聚光灯照在图像上相似。

（10）线性光：通过减小或增加亮度来加深或减淡颜色，加深或减淡颜色的程度取决于混合色。

（11）色相：用基色的亮度或饱和度以及混合的色相来创建结果色。

（12）饱和度：用基色的亮度和色相以及混合色的饱和度来创建结果色。在灰色的区域上用此模式绘画，结果不会产生变化。

（13）颜色：用基色的亮度以及混合色的色相和饱和度来创建结果色，这样就可以保留灰阶，对给单色图像上色和给彩色图像着色都非常有用。

三、使用编辑工具

编辑工具的作用是对图像文件进行必要的修饰和处理，以获得所需的画面效果。

（一）橡皮擦工具组

橡皮擦工具组包括橡皮擦工具、背景橡皮擦工具和魔术橡皮擦工具。如图 7 - 55 所示。

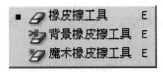

图 7 - 55

1. 橡皮擦工具

橡皮擦工具可以擦掉图像中不需要的像素，并自动以背景色填充擦除区域。如果对图层使用，则擦除区域将变为透明状态。如图 7 – 56 所示。

图 7 – 56

（1）模式：在该选项下拉列表中可以选择橡皮擦的擦除模式。其中包括三种类型，选择不同的类型，擦除的效果也会不同。

（2）抹掉历史记录：选中该复选框，系统不再以背景色可透明填充被擦除的区域，而是以历史记录面板中选择的图像状态覆盖当前被擦除的区域。

2. 背景橡皮擦工具

背景橡皮擦工具可以擦除图像中相同或相似的像素并使之透明。

图 7 – 57

（1）连续取样模式按钮：单击该按钮，可以使用此工具随着移动操作对颜色进行连续取样，此时工具箱中的背景色会随操作过程不断变化。如图 7 – 57 所示。

（2）一次取样模式按钮：单击该按钮选择此模式后，仅在开始擦除操作后进行一次性取样操作，此时工具箱中的背景色为第一次单击图像所取得的颜色。

（3）背景色板取样模式按钮：单击该按钮选择此模式后，会以背景色进行取样，在该模式下只能擦除图像中有背景色的区域。

（4）限制：在该下拉列表中可以选择擦除所限制的类型。选择不连续选项，可以擦除所有工具操作区域内与取样颜色相同或相近的区域；选择连续选项，只能擦除在容差范围内与取样颜色连续的区域；选择查找边缘选项，可以在擦除颜色时保存图像中对比明显的边缘。

（5）容差：用于设置擦除图像时的色彩范围。数值越大，擦除的区域越大；反之越小。

（6）保护前景色：选中此复选框，可以在擦除图像时，与前景色相同图像区域将不被擦除。

点拨小贴士

使用背景橡皮擦工具擦除图像后，背景图层将自动转换为普通图层。关于背景图层与普通图层的区别，本书将在后面的章节中为读者详细介绍。

3. 魔术橡皮擦工具

魔术橡皮擦工具是个很好用的工具，用户只需要在需要擦除的区域上单击，即可快速擦除图像中所有与取样颜色相同或相近像素。如图7-58和图7-59所示。

图7-58

图7-59

（1）消除锯齿：选中该复选框后，可以消除擦除后图像中出现的锯齿，使擦除后的图像边缘变得光滑。

（2）连续：选中该复选框后，魔术橡皮擦工具只能擦除连续的在色彩容差范围内的图像像素。反之可以擦除当前图像中所有在色彩容差范围内的图像像素。

（二）图章工具组

图章工具组主要用于对图像的修补和复制等处理，它包括仿制图章工具和图案图章工具。如图 7 - 60 所示。

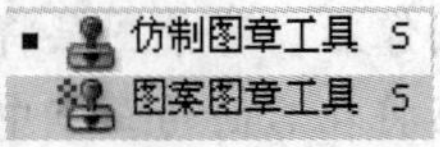

图 7 - 60

1. 仿制图章工具

仿制图章工具可以将图像中的局部图像复制到同一幅图像中或另一幅图像中。如图 7 - 61 所示。

图 7 - 61

对齐：选中该复选框，整个取样区域仅应用一次，即使操作由于某种原因而停止。

第一步：打开一个图像文件，选择仿制图章工具后，在工具选项栏中设置适当的画笔大小，在图像中需要复制的位置上按住 Alt 键的同时单击。

第二步：在图像窗口中的目标位置单击并进行涂抹，即可得到复制原图像的效果。如图 7 - 62 和图 7 - 63 所示。

图 7 - 62

图 7 - 63

点拨小贴士

在复制图像时，按住 Shift 键的同时拖曳鼠标，仿制图章工具将以直线的方式复制图像。

2. 图案图章工具

图案图章工具与仿制图章工具的功能基本相似，但是该工具不是复制图像中的局部图像，而是将预先定义好的图章复制到图像中。如图 7 - 64 所示。

图 7 - 64

（1）在图案下拉列表框中可以选择用于操作的图案样式。系统提供的样式以及自定义的图案都会列在该下拉列表框中。

（2）印象派效果：选中该复选框，利用图案图章工具绘制的图案将具有印象派的绘画效果取消其选取后，将直接应用所选择的图案进行绘制。

PS 训练

（三）范例：图案图章的使用方法

下面通过自定义图案样式的方式，介绍图案图章的使用方法。

第一步：打开需要定义为图案的图。如图 7 - 65 所示。

图 7 - 65

第二步：执行编辑→定义图案命令，在弹出的图案名称对话框中为图案命名后，单击"确定"按钮，即可完成自定义图案的操作。如图 7 - 66 所示。

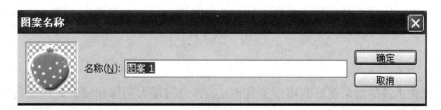

图 7 - 66

第三步：新打开一张图像文件。选择图案图章工具，在其工具选项栏中的图案下拉列表框中选择自定义的图案样式，设置好画笔大小后，在新打开的图像窗口中单击或按住鼠标左键拖动，即可得到如图 7-67 和图 7-68 所示的绘图效果。

图 7-67

图 7-68

（四）模糊工具组

模糊工具组包括模糊工具、锐化工具和涂抹工具。如图 7-69 所示。

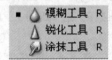

图 7-69

1. 模糊工具

模糊工具主要通过将突出的色彩、僵硬的边界进行模糊处理，使图像的色彩过渡平滑，从而达到图像柔化模糊的效果。如图 7-70 所示。

图 7-70

强度：用于控制模糊工具在操作时笔画的压力。百分数越大，则一次操作后图像被模糊的程度越大，被操作区域的模糊效果越明显。如图 7-71 和图 7-72 所示。

2. 锐化工具

锐化工具的效果正好和模糊工具相反，即通过增大图像相邻像素间的色彩反差而使图像的边界更加清晰。模糊工具和锐化工具的操作方法相同，图 7-73 是原图，图 7-74 即为使用该工具锐化图像后的效果。

图 7 - 71　　　　　　　　　　　　　　　　图 7 - 72

图 7 - 73　　　　　　　　　　　　　　　　图 7 - 74

3. 涂抹工具

涂抹工具是用来模拟手指在未干的画布上涂抹而产生的效果，使用该工具可以实现对图像的局部变形处理，制造出跟随涂抹路径颜色融合的效果。如图 7 - 75 和图 7 - 76 所示。

图 7 - 75　　　　　　　　　　　　　　　　图 7 - 76

（五）亮化工具组

亮化工具组是非常实用的编辑工具，它是通过对图像文件某些色彩属性进行调整来达到需要的效果。亮化工具组包括减淡工具、加深工具和海绵工具。如图 7 – 77所示。

图 7 – 77

1. 减淡工具

减淡工具的主要作用是改变图像的曝光度，对图像中局部曝光不足的区域进行加亮处理。如图 7 – 78 所示。

图 7 – 78

（1）范围：在该选项下拉列表中选择作用于操作区域的色调范围。选择阴影项后，操作将作用于图像的阴影区；选择中间色调后，操作将作用于图像的中色调区域；选择高光后，操作将作用于图像的高光区。

（2）曝光度：用于设置减淡工具操作时的亮化程度。百分数越大，一次操作亮化的效果越明显。如图 7 – 79 和图 7 – 80 所示。

图 7 – 79　　　　　　　　　　　　　　图 7 – 80

2. 加深工具

加深工具的主要作用也是改变图像的曝光度，对图像中局部曝光过度的区域进行加深，效果与减淡工具刚好相反，其使用方法与减淡工具相同。如图 7 – 81 和图 7 – 82 所示。

图 7 – 81 　　　　　　　　　　　　　　图 7 – 82

3. 海绵工具

海绵工具可以对图像局部的色彩饱和度进行加深和降低处理。如图 7 – 83 所示。

图 7 – 83

在模式下拉列表中提供了两个选项。选择去色选项后，使用海绵工具进行操作时，可以降低操作区域的色彩饱和度；选择加色选项后，则可以增加操作区域的色彩饱和度。如图 7 – 84 所示。

原图　　　　　　　　加色　　　　　　　　去色

图 7 – 84

四、应用色彩

在绘图时，用户出于绘图的需要，选择适合的颜色对图像区域进行填充。

我们生活在五彩缤纷的世界里，天空、草地、海洋、漫无边际的薰衣草都有它们各自的色彩。你、我、他也有自己的色彩，代表个人特色的衣着、家装、装饰物的色彩，可以充分反映人的性格、爱好和品位。

设计爱好者对色彩的喜爱更是"如痴如狂"，他们知道色彩不仅仅是点缀生活的重要角色，它也是一门学问。要在设计作品中灵活、巧妙地运用色彩，使作品达到各种精彩效果，就必须对色彩好好研究一番。今天我们首先学习一些关于色彩的最简单、最基础也是最重要的知识，并感受一下色彩运用的妙处！

（一）色彩的基础知识

1. 色彩的构成

色彩一般分为无彩色和有彩色两大类。无彩色是指白、灰、黑等不带颜色的色彩，即反射白光的色彩。如图 7 – 85 所示。

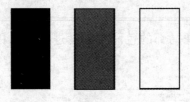

图 7 – 85

有彩色是指红、黄、蓝、绿等带有颜色的色彩。如图 7 – 86 中的色彩。

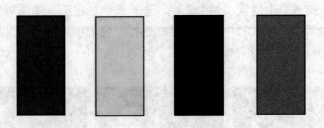

图 7 – 86

2. 色彩的对比

在一定条件下，人对同一色彩有不同的感受。色彩单一给人一种印象。在不同的环境下，多色彩给人另一种印象。色彩之间这种相互作用的关系称"色彩对比"。

色彩对比包括两方面：其一，时间隔序，称"同时发生的对比"；其二，空间位置，称"连贯性的对比"。对比本来是指性质对立的双方相互作用、相互排斥。然而，在某种条件下，对立的双方也会相互融合、相互协调。并置的不同色调往往相互抵消对方的色彩，这种相互抵消的现象称"同化现象"。对比的具体运用和效果，将在以后的文章中再详细讲解。

3. 色彩的表现手法

人的色感可用色彩三属性——色调、亮度及饱和度表示。不过三属性毫无差异的同一色彩会因所处位置、背景物不同而给人截然相反的印象。我们以蓝色编织物和蓝色木地板为例，假定它们的三属性相同，但在观赏者的眼中，编织物的色彩与木地板的色彩毫无共同之处。这种现象称为"色彩的表现形式"。如图 7-87 所示。

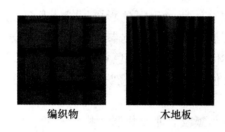

编织物　　　　　木地板

图 7-87

色彩的表现形式包括面色、表面色、空间色等。面色又称"管窥色"，像天空色彩平平展展，缺乏质感，给人柔软的感觉。如图 7-88 所示。

图 7-88

表面色指色纸等物体的表面色彩。表面色依距离远近给人不同的质感。图 7-89 中是同一张纸，取了远近距离不同的位置。两张图近看起来有点明暗程度不同的感觉，远距离看起来颜色要深一些。

远距离　　　　　　　　　　近距离

图 7 – 89

　　空间色又称"体色",似充满透明玻璃瓶中的带色液体,是指弥漫空间的色
彩。此外,还有表面光泽、光源色等。

4. 色彩的特性

　　(1) 色彩的冷暖。物体通过表面色彩可以给人们或温暖或寒冷抑或凉爽的
感觉。一般说来,温度感觉是通过感觉器官触摸物体而来,与色彩风马牛不相
及。事实上,各类物体借助五彩缤纷的色彩给人一定的温度感觉。

　　红、橙、黄等颜色使人想到阳光、烈火,故称"暖色",如图 7 – 90 中燃烧
的森林。

　　绿、青、蓝等颜色与黑夜、寒冷相联,称"冷色",如图 7 – 91 中夜晚被灯
光照亮的宾馆大厦,感觉冷冷的。

图 7 – 90　　　　　　　　　　图 7 – 91

　　红色给人积极、活跃、温暖的感觉。蓝色给人沉静、消极的感觉。绿与紫是
中性色彩,刺激小,效果介于红与蓝之间。中性色彩使人产生休憩、轻松的情
绪,可以避免产生疲劳感。

　　人对色彩的冷暖感觉基本取决于色调。色系一般分为暖色系、冷色系、中性
色系三类。色彩的冷暖效果还需要考虑其他因素。例如,暖色系色彩的饱和度越
高,其温暖的特性越明显;而冷色系色彩的亮度越高,其特性越明显。我们把
图 7 – 90、图 7 – 91,分别增加饱和度和亮度,看到各自反映的效果更加突出。

如图 7 - 92 所示。

图 7 - 92

（2）色彩的轻重感觉。各种色彩给人的轻重感不同，我们从色彩得到的重量感，是质感与色感的复合感觉。例如两个体积、重量相等的皮箱（见图 7 - 93）分别涂以不同的颜色，然后用手提、目测两种方法判断木箱的重量。结果发现，仅凭目测难以对重量做出准确的判断，可是利用目测木箱的颜色却能够得到：轻重感，浅色密度小，有一种向外扩散的运动现象，给人质量轻的感觉，深色密度大，给人一种内聚感，从而产生分量重的感觉。

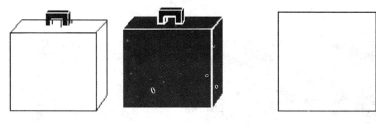

图 7 - 93

图 7 - 94

（3）色彩的膨胀与收缩。比较两个颜色一黑一白而体积相等的正方形（见图 7 - 94）可以发现有趣的现象，即大小相等的正方形，由于各自的表面色彩相异，能够赋予人不同的面积感觉。白色正方形似乎较黑色正方形的面积大。这种因心理因素导致的物体表面面积大于实际面积的现象称"色彩的膨胀性"；反之称"色彩的收缩性"。给人一种膨胀或收缩感觉的色彩分别称"膨胀色"和"收缩色"。色彩的胀缩与色调密切相关，暖色属膨胀色，冷色属收缩色。

（4）色彩的前进性与后退性。如果等距离地看两种颜色，可给人不同的远近感。如黄色与蓝色以黑色为背景时（见图 7 - 95），人们往往感觉黄色距离自己比蓝色近。换言之，黄色有前进性，蓝色有后退性。较底色突出的前进色彩称"进色"；较底色暗淡的后退色彩称"退色"。

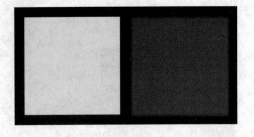

图 7 – 95

图 7 – 96

一般而言，暖色比冷色更富有前进的特性。两色之间，亮度偏高的色彩呈前进性，饱和度偏高的色彩也呈前进性。但是色彩的前进与后退不能一概而论，色彩的前进、后退与背景色密切相关。如在白色背景前（见图 7 – 96），属暖色的黄色给人后退感，属冷色的蓝色却给人向前扩展的感觉。

（5）色彩艳丽与素雅。一般认为，如果是单色，饱和度高，色彩艳丽；饱和度低，给人素雅的感觉。除了饱和度，亮度也有一定的关系。不论什么颜色，亮度高时即使饱和度低也给人艳丽的感觉。综上所述，色彩是否艳丽、素雅，除了取决于色彩的饱和度线段外，亮度尤为关键。高饱和度、高亮度的色彩显得艳丽。我们从图 7 – 97 中饱和度、亮度的一组变化图中，直接地感受艳丽与素雅的概念。

高饱和度、高亮度　　　　　低饱和度　　　　　低饱和度、高亮度

图 7 – 97

混合色的艳丽与素雅取决于混合色中每一单色本身具有混合色各方的对比效果。所以对比是决定色彩艳丽与素雅的重要条件。此外，结合色彩心理因素，艳丽的色彩一般和动态、快活的感情关系密切；素雅与静态的抑郁感情紧密相连。

除了上面讲述的色彩的几种特性之外，色彩的特性还包括联想、象征意义。对色彩的联想事物，根据观看人的年龄不同，想到的结果也不一样，例如中学生看到白色，容易联想到墙、白雪、石膏像、白兔等。成年人可能会想到护士、正义、白房子等。白色象征纯洁、神圣的事物，例如新娘的婚纱都是用的白色，代表婚姻的神圣和严肃。

5. 色彩和性格

人们对某种色彩的偏爱与性格有很大关系，不同的色系具有不同的含义。因此我们可以根据他人的衣着色彩、房间色彩等身边的东西，分析他的性格。我们可以大概地分析一下各色系代表的性格。如图 7 – 98 所示。

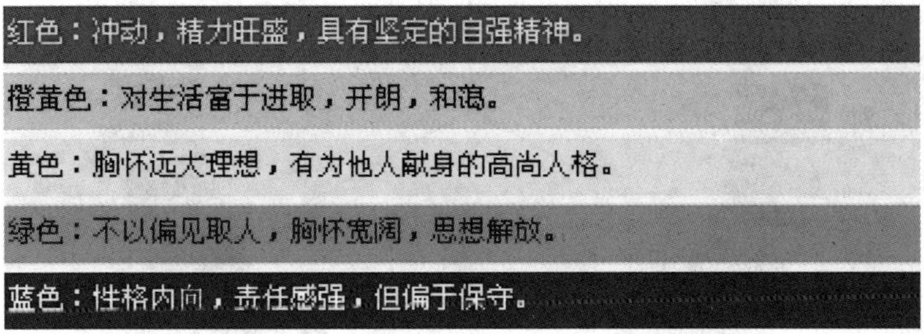

红色：冲动，精力旺盛，具有坚定的自强精神。

橙黄色：对生活富于进取，开朗，和蔼。

黄色：胸怀远大理想，有为他人献身的高尚人格。

绿色：不以偏见取人，胸怀宽阔，思想解放。

蓝色：性格内向，责任感强，但偏于保守。

图 7 – 98

我们在做设计的时候，根据设计对象、目的不同，必须合理地安排色彩的使用范围。本篇简单介绍了色彩的一些知识，虽然简单，我想读完上面的内容之后，大家对色彩的看法，会有和以往不一样的认识，更深一步地理解色彩的概念。

（二）色系和色调的关系

1. 色系和色调的概念

PCCS（Practical Color – ordinate System）色彩体系是日本色彩研究所研制的，色调系列是以其为基础的色彩组织系统。其最大的特点是将色彩的三属性关系，综合成色相与色调两种观念来构成色调系列的。从色调的观念出发，平面展示了每一个色相的明度关系和纯度关系，从每一个色相在色调系列中的位置，明确地分析出色相的明度、纯度的成分含量。

2. 色调系列的组织结构

色调系列是由 24 个色相与 9 个色调组成的，如图 7 – 99 所示，看到色调系列的 24 色色相环。

从图 7 – 99 中的 24 色环，我们可以总结一下 24 色系的组织结构：

PCCS 色彩体系的色环的结构，是以"三原色学说"为理论基础的。以红（R）、黄（Y）、蓝（B）为三主色，由红色和黄色产生间色——橙（O）；黄色与蓝色产生间色——绿（G）；蓝色与红色产生间色——紫（P），组成六色相。在这六个色相中，每两个色相分别再调出三个色相，便组成 24 色色相环。

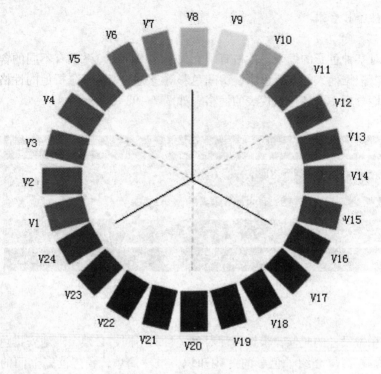

图 7-99

9 个色调是以 24 色相为主体，分别以清色系、暗色系、纯色系、浊色系色彩命名的。色调与色调之间的关系同色彩体系的三要素关系的构架是一致的，明暗中轴线由不同明度的色阶组成。

靠近明暗中轴线的色组，是低纯度的浊色系色调，Ltg 色组、g 色组。

远离中轴线的色组，是高纯度的 v 色、b 色组；靠近明暗中轴线上方的色组，是高明度的清色系 p 色组、Lt 色组。

中轴线下方的色组，是低明度的暗色系，dp 色组、dk 色组。

中央地带的色组，是明度、纯度居中的 d 色组。

由此，形成 9 组不同明度、不同纯度的色调如下：

A. v 色组，纯度最高，称纯色调。

B. b 色组，明度、纯度略次，称中明调。

C. Lt 色组，明度偏高，称明色调。

D. dp 色组，明度偏低，称中暗调。

E. dk 色组，明度低，称暗色调。

F. p 色组，明度高、纯度略低，称明灰调。

G. Ltg 色组，明度中、纯度偏低，称中灰调。

H. d 色组，明度中、纯度中，称浊色调。

I. g 色组，明度低、纯度低，称暗灰调。

（1）色调的分类。配色的一般规律为：任何一个色相均可以成为主色（主色调），与其他色相组成互补色关系、对比色关系、邻近色关系和同类色关系的色彩组织。

（2）各色调之间的关系。首先我们通过图示直观地理解色调间关系的分类，如图 7－100 所示。然后再详细地分析不同关系的色调组合在一起的色彩视觉及心理效果。

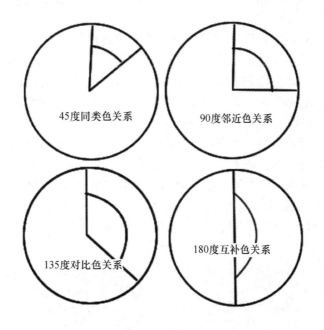

45度同类色关系

90度邻近色关系

135度对比色关系

180度互补色关系

图 7－100

1）互补的关系。在 24 色色相环中彼此相隔十二个数位或者相距 180 度的两个色相，均是互补色关系。互补色结合的色组，是对比最强的色组。使人的视觉产生刺激性、不安定性。如果配合不当，容易产生生硬、浮夸、急躁的效果。因此要通过处理主色相与次色相的面积大小，或分散形态的方法来调节、缓和过于激烈的效果。

图 7－101 是一组橙蓝互补色对比的色组，橙色面积大而且加入辅助色红色，起了主导色调的作用，效果既艳丽、辉煌又安然，恰到好处。

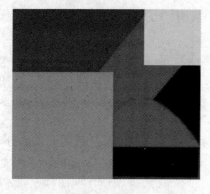

图 7 - 101

图 7 - 102

2）对比色关系。色相环中相距 135 度或者彼此相邻的两色为对比色关系，属中强对比效果的色组。色相感鲜明，各色相相互排斥，既活泼又旺盛。配色时，可以通过处理主色与次色的关系而达到色组的调和，也可以通过色相间排列的方式，求得统一和谐的色彩效果。图 7 - 102 属中明调，正是这种排列形式的应用。

3）邻近色关系。色相环中相距 90 度，或者相隔五六个数位的两色为邻近色关系，属中对比效果的色组。色相间色彩倾向近似，冷色组或暖色组较明显，色调统一和谐、感情特性一致。图 7 - 103 为蓝紫红调色组，是明色调邻近色对比关系。

4）同类色关系。色相环中相距 45 度，或者彼此相隔二三个数位的两色为同类色关系，属弱对比效果的色组；同类色色相主调十分明确，是极为协调、单纯的色调。图 7 - 104 为蓝绿调色组，组成恬静柔美的效果。

图 7 - 103

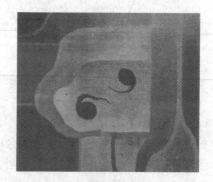

图 7 - 104

（三）色彩构成——配色宝典

基本配色方案：颜色绝不会单独存在（除了黑色）。事实上，一个颜色的效果是由多种因素来决定的：反射的光，周边搭配的色彩，或是观看者的欣赏角度。

有十种基本的配色设计，分别叫作：无色设计（Achromatic）、类比设计（Analogous）、冲突设计（Clash）、互补设计（Complement）、单色设计（Monochromatic）、中性设计（Neutral）、分裂补色设计（Splitcomplement）、原色设计（Primary）、二次色设计（Secondary）以及三次色三色设计（Tertiary）。如图 7 - 105 ~ 图 7 - 114 所示。

105　101　98

无色设计

不用彩色，只用黑、白、灰色。

图 7 - 105

4　68

冲突设计

把一个颜色和它补色左边或右边的色彩配合起来。

图 7 - 106

81　85　88

单色设计

把一个颜色和任一个或它所有的明、暗色配合起来。

图 7 - 107

图 7－108

| 20 | 57 | 73 |

分裂补色设计

把一个颜色和它的补色任一边的颜色组合起来。

图 7－109

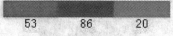

| 53 | 86 | 20 |

二次色设计

把二次色绿、紫、橙色结合起来。

图 7－110

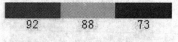

| 92 | 88 | 73 |

类比设计

在色相环上任选三个连续的颜色或其任一明色和暗色。

图 7－111

| 92 | 44 |

互补设计

使用色相环上全然相反的颜色。

| 17 | 32 | 26 |

中性设计

加入一个颜色的补色
或黑色使它的色彩消
失或中性化。

图 7 – 112

| 4 | 36 | 68 |

原色设计

把纯原色红、黄、蓝
结合起来。

图 7 – 113

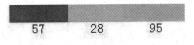

| 57 | 28 | 95 |

三次色三色设计

三次色三色设计是下
面两个组合中的一个：
红橙、黄绿、蓝紫色
或是蓝绿、黄橙、红
紫色，并且在色相环
上每个颜色彼此都有
相等的距离。

图 7 – 114

下面让我们分类来看：

1. 基本配色——强烈

最有力的色彩组合是充满刺激的快感和支配的欲念，但总离不开红色；不管颜色怎么组合，红色绝对是少不了的。

红色是最终力量的来源——强烈、大胆、极端。力量的色彩组合象征人类最激烈的感情：爱、恨、情、仇，表现情感的充分发泄。如图 7 – 115 ~ 图 7 – 118 所示。

图 7 – 115

补色色彩组合		原色色彩组合		单色色彩组合	
55 7	52	36	7 6		
54 5	50 5	34		6	
60	61 6	70 38 6	1		
	1	34	7	7	

图 7 – 116

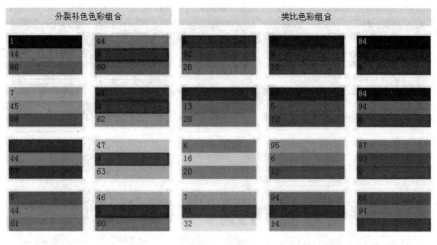

图 7 - 117

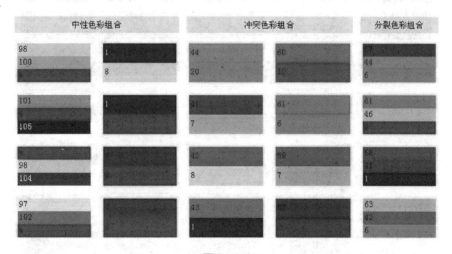

图 7 - 118

在广告和展示的时候，有力的色彩组合是用来传达活力、醒目等强烈的讯息，并且总能吸引众人的目光。

2. 基本配色——丰富

要表现色彩里的浓烈、富足感，例如，深白兰地酒红色就是在红色中加了黑色，就像产自法国葡萄园里陈年醇厚的葡萄酒，象征财富。白兰地酒红色和深森林绿如果与金色一起使用可表现富裕。

这些深色、华丽的色彩用在各式各样的织料上，如皮革和波纹皱丝等，可创造出戏剧性、难以忘怀的效果。这些色彩会给人一种财富和地位的感觉。如图 7 - 119 ~ 图 7 - 121 所示。

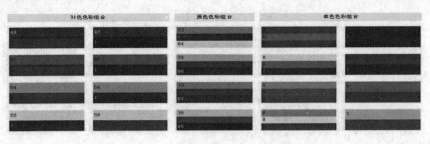

图 7 – 119

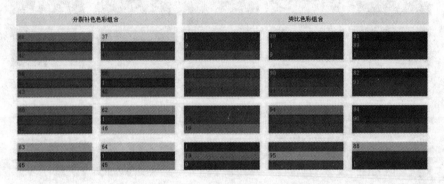

图 7 – 120

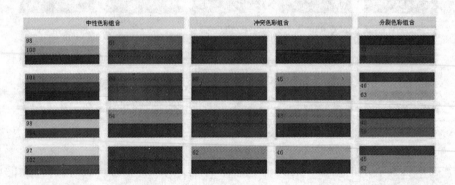

图 7 – 121

3. 基本配色——浪漫

粉红色代表浪漫。粉红色是把数量不一的白色加在红色里面，造成一种明亮的红。

像红色一样，粉红色会引起人的兴趣与快感，但是以比较柔和、宁静的方式进行。

浪漫色彩设计，借由使用粉红、淡紫和桃红（略带黄色的粉红色），会令人觉得柔和、典雅。和其他明亮的粉彩配合起来，红色会让人想起梦幻般的六月天和满满一束夏日炎炎下娇柔的花朵。如图7－122～图7－125所示。

图 7 – 122

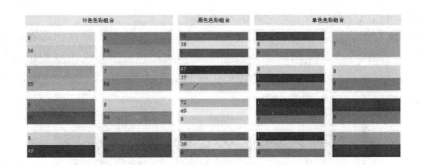

图 7 – 123

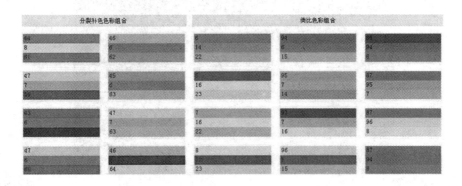

图 7 – 124

中性色彩组合			冲突色彩组合		分裂色彩组合
97 98 8	1 8	62 6	46 6	43 64	
100 7 99	9 6	63 7	48 8	47 64 7	
98 100	11 7	61 8	47 7	44 63 7	
99 97 8	6	59 6	43 6	48 62 8	

图 7 – 125

4. 基本配色——奔放

借由使用像朱红色这种一般最令人熟知的色彩，或是它众多的明色和暗色中的一个，都能在一般设计和平面设计上展现活力与热忱。中央为红橙色的色彩组合最能轻易创造出有活力、充满温暖的感觉。

这种色彩组合让人有青春、朝气、活泼、顽皮的感觉，常常出现在广告中，展示精力充沛的个性与生活方式。把红橙和它的补色——蓝绿色搭配组合起来，就具有亲近、随和、活泼、主动的效果，每当应用在织品、广告和包装上，都非常有效。如图 7 – 126 ~ 图 7 – 129 所示。

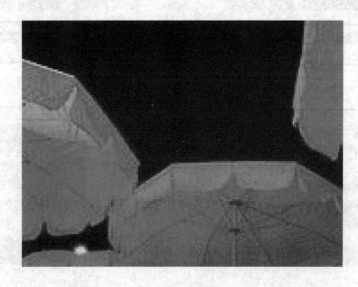

图 7 – 126

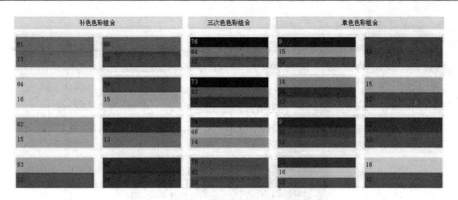

图 7 - 127

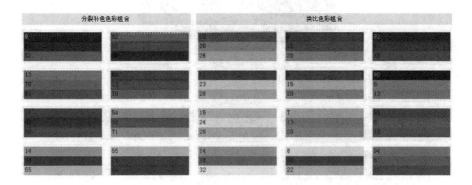

图 7 - 128

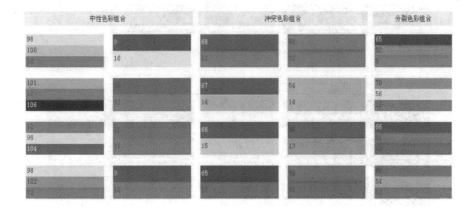

图 7 - 129

5. 基本配色——土性

深色、鲜明的红橙色叫赤土色。我们常用它来组合、设计出鲜艳、温暖、充满活力与土地味的色彩。这种色彩有种淡淡的温暖，就像经过打磨、润饰的铜器。

和白色搭配起来，就会像散发出自然灿烂的光。土性的色彩有年轻人爱笑、爱闹的个性，令人联想到悠闲、舒适的生活。如图 7－130～图 7－133 所示。

图 7－130

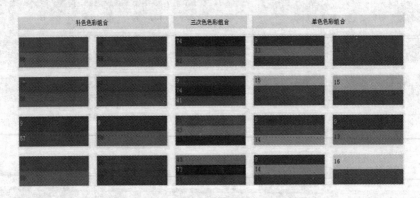

图 7－131

图 7－132

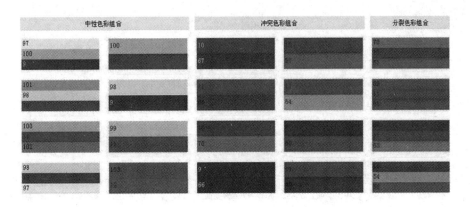

图 7 – 133

因为是类比设计的一部分，这种温馨、土味的色调会产生有趣的色彩组合。例如，出现在美国西部的装潢设计。

6. 基本配色——友善

配色设计要想表达友善之意时，常会使用到橙色。这种色彩组合既开放、随和，又有一切表现能量和动力的元素。能够创造出平等、有序的气氛，却又没有强势和支配的霸气。如图 7 – 134 ~ 图 7 – 137 所示。

橙色和它邻近的几个色彩常应用在快餐厅，因为这类色彩会散发出食物品质好、价钱公道等诱人的讯息。橙色有耀眼、富有活力的特质，所以被选为在危险地区的国际安全色。橙色的救生筏和救生设备（如救生衣等）可以让人轻易地在蓝色和灰色的大海里被发现踪迹。

图 7 – 134

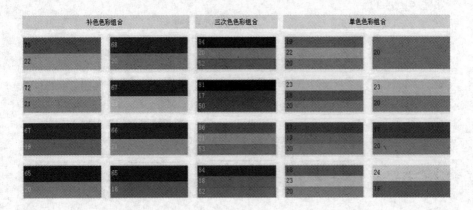

图 7 – 135

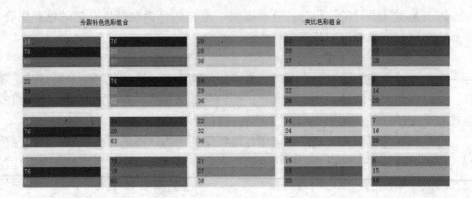

图 7 – 136

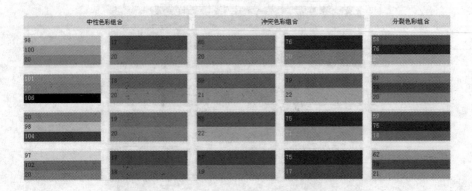

图 7 – 137

五、颜色工具

（一）吸管工具

吸管工具可以在图像的调色板中拾取所需要的颜色作为前景色和背景色。单击工具箱中的吸管工具，将光标移到图像窗口中，单击需要的颜色，就可以直接选出新的前景色。

点拨小贴士

按住 Alt 键单击图像窗口中需要的颜色，可以选出新的背景色。

（二）油漆桶工具

油漆桶工具可以使用前景色或图案来填充图像中位于容差范围内的区域。如图 7 - 138 所示。

图 7 - 138

（1）在下拉列表中可以选择填充的方式。选择前景项，将以前景色填充图像区域，选择图案项，在其后的图案下拉列表框中可以选择用于填充的图案样式。

（2）容差：用于设置油漆桶工具填充图像时的颜色容差值。数值越大，填充的范围越广。

（3）消除锯齿：选择此项，可以消除填充时产生的锯齿现象。

（4）所有图层：选择此项，将填充的操作用于所有的图层；反之只作用于当前图层。

点拨小贴士

按下 Alt + Delete 快捷键，可为选区或当前图层填充前景色；按下 Ctrl + Delete 快捷键，可填充为背景色；在背景层下按下 Delete 键，可以删除选区中的图像并填充为背景色。

（三）渐变工具

渐变工具可以用来建立多种色彩渐变的效果，用户可以选择预设的渐变颜色，也可以利用自定义颜色来做渐变填充。如图 7 - 139 所示。

图 7 – 139

（1）线性渐变：从渐变的起点到终点做直线形状的渐变。

（2）径向渐变：从渐变的中心开始做放射状圆形的渐变。

（3）角度渐变：从渐变的中心开始到终点产生圆锥形渐变。

（4）对称渐变：从渐变的中心开始做对称式直线形状渐变。

（5）菱形渐变：从渐变的中心开始做菱形的渐变。如图 7 – 140 所示。

图 7 – 140

（6）反向：选择此项后所得到的渐充效果方向与所设置的方向相反。

（7）仿色：选择此项后，使用递色法增加了中间色调，使渐变过渡效果更平滑。

（8）透明区域：用于打开可关闭渐变效果的透明度设置。

六、其他工具

在 Photoshop CS6 工具箱中，还有一些很常用的工具，其中包括切片工具组和注释工具组。

（一）切片工具组

切片工具组包括切片工具和切片选择工具。切片工具用于将整幅图像切割成许多小片，当需要将图像应用在 Web 中时，可以分解为数个小图形，便于在网页中快速显示。

（二）注释工具组

使用注释工具可以在图像中加入文字注释或语音注释，留下记录或说明，便于以后的文件管理。加入图像的文字或语言注释，会以一个不被打印出来的标记显示在图像上。

范例：小河泛舟效果制作

效果如图 7 – 141 所示。

图 7 – 141

第一步：新建文件大小为 800×600 像素，RGB 模式白色背景的图像文件。

第二步：设置前景色 RGB（0, 110, 210）为蓝色，执行命令"编辑→填充"，使用前景色填充整个图形区域。

第三步：在图层面板中新建图层 1。

第四步：利用套索工具创建选区，设置前景色为 RGB（0, 150, 50）的绿色填充选区。

第五步：执行命令"滤镜→杂色→添加杂色"，设置杂色数量为 9%。

第六步：执行命令"滤镜→模糊→高斯模糊"，设置模糊半径为 1.0 像素。

第七步：图层面板中右击图层 1，在弹出的快捷菜单中选取混合选项，勾选投影样式。如图 7 – 142 所示。

第八步：新建文件大小为 300×300 像素，RGB 模式，透明背景的图像文件。

第九步：选择画笔工具，在工具属性栏中设置笔尖形状为叶形，大小为 95 像素，不透明度为 100%，流量为 100%。点击工具属性栏右侧的切换画笔调板按钮，打开画笔调板，单击画笔尖形状项，在右侧面板中可设置画笔直径为 95 像素，间距为 25%。如图 7 – 143 所示。

图 7 - 142

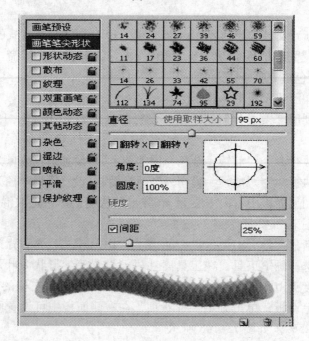

图 7 - 143

第十步：设置前景色为黑色，连续多次点击，在图层1中绘制出树叶形状。

点拨小贴士

通过连续多次点击可以使图像颜色不断加深。

第十一步：选择工具箱中的魔棒工具，选取整片树叶，执行"编辑→填充"，用黑色填充。

第十二步：选择工具箱中的矩形选框工具，按住 Alt 键，同时选取左边半片树叶，此时只有右边的半片树叶将被选中。用50%灰色填充。如图7－144所示。

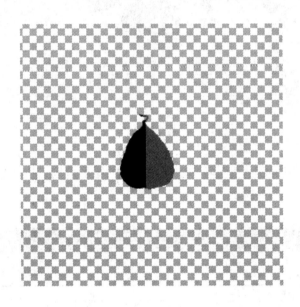

图 7－144

点拨小贴士

对于多个选区，按住 Shift 键时是选区相加，按住 Alt 键时是选区相减，按住 Shift + Alt 快捷键时是选区相交。

第十三步：设置前景色为黑色，在图层面板中按住 Ctrl 图层1以选取整片树叶，执行命令"编辑→描边"，用1像素的黑色进行描边。

第十四步：在图层面板中复制图层1并进行旋转变换，重复4次得到如图7－145所示形状。

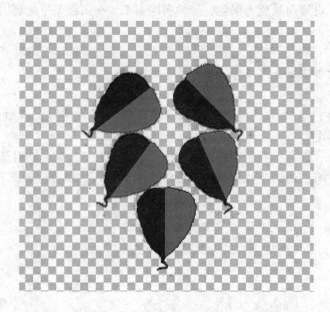

图 7 – 145

第十五步：用矩形选框工具选取树叶所在的矩形范围，执行命令"编辑→定义画笔"。如图 7 – 146 所示。

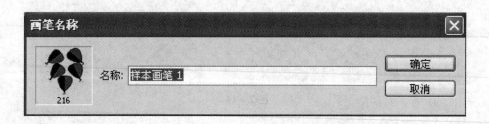

图 7 – 146

第十六步：选择工具箱中的画笔工具，在工具属性栏中设置笔尖形状为自定义的树叶笔刷，不透明度 100%，流量 100%。点击工具属性栏右侧的切换画笔调板按钮，打开画笔调板，在左侧列表中勾选"形状动态"复选框，然后在右侧面板中可设置画笔的大小抖动为 40%，角度抖动为 100%。如图 7 – 147 所示。

第十七步：在图层面板中，新建一个图层 2，设置前景色为 RGB（20，120，30）。利用画笔工具在绿草地上方不断单击，创建底层树叶。

图 7 - 147

第十八步：再次创建新图层 3，设置前景色为 RGB（80，200，40），绘制树叶。如图 7 - 148 所示。

图 7 - 148

第十九步：设置前景色为 RGB（20，150，100）。选择工具箱中的画笔在工具属性栏中设置笔尖形状为草形笔刷，不透明度为 100%，流量 100%。点击工具栏右侧的"切换画笔调板"按钮，勾选"形状动态"和"散布"复选框。单击"画笔笔尖形状"项打开面板，设置画笔直径为 150 像素。形状动态项设置大小抖动为 20%，角度抖动 3%。

第二十步：设置前景色为 RGB（150，60，170）。选择工具箱中的画笔工具，打开画笔，设置笔尖形状为 24 像素散点形笔刷，在左侧列表中勾选"形状动态"和"散布"复选框。如图 7 - 149 所示。

图 7 - 149

第二十一步：将平面图像处理中的素材利用魔棒工具载入图中。并执行自由变化。最后效果如图 7 - 150 所示。

本章小结

本章首先对绘图工具——画笔工具组、修复画笔工具组和历史画笔工具组的特点和使用方法进行了介绍，然后通过对画笔预设面板以及颜色混合模式的介绍，向读者详细讲解了设置绘图工具的各项参数的方法。然后通过对橡皮擦工具组、图章工具组、模糊工具组和亮化工具组中各个工具的功能和使用方法的介绍，使读者掌握对图像进行擦除、复制、模糊、锐化、减淡、加深等的编辑处理方法。

图 7 - 150

另外讲解了色彩的应用知识和各种技巧，最后通过介绍切片工具组和注释工具组使读者完成对本章内容的学习。

实训拓展：片片枫叶情效果制作

设计结果：如图 7 - 151 所示。

图 7 - 151

设计思路：利用所学的画笔工具和系统自带的枫叶形笔刷完成枫叶背景，并将素材图合成到该背景上，利用仿制图章工具使得高抬的右腿放直。

操作提示：

(1) 新建 800×600 像素，RGB 模式、白色背景的图像文件。

(2) 设置前景色为 RGB（255，180，30），填充前景色在背景层中。

(3) 选取工具箱内画笔工具，在其工具属性栏中设置画笔笔尖形状为叶形，间距为 25%，勾选"形状动态"，设置大小抖动为 50%，角度抖动 100%。勾选散布，散布值为 400%，数量 2。勾选"颜色动态"，饱和度抖动为 50%，亮度抖动为 25%。如图 7 – 152 所示。

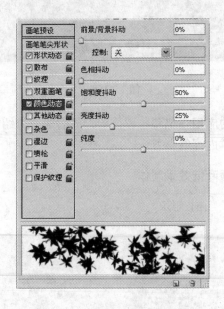

图 7 – 152

(4) 在图层面板中创建新图层 1，设置前景色为 RGB（225，100，15），利用已经定义好的画笔在图像中进行涂抹，完成背景制作。如图 7 – 153 所示。

(5) 打开配套光盘第二章/第 2 节 SC2.2 – 5jpg 文件，利用魔棒工具选取女孩儿，将其复制到背景中。如图 7 – 154 所示。

(6) 利用仿制图章工具设置笔刷为 21 像素。利用左腿进行取样。复制到右腿上。如图 7 – 155 所示。

(7) 在图层面板中创建新的图层，设置前景色为 RGB（225，110，30），通过点击鼠标绘制散落在女孩儿身上的叶片。如图 7 – 156 所示。

图 7 – 153

图 7 – 154

图 7 – 155

图 7 – 156

练习制作

（一）童年的梦（见图7－157）

图7－157

（二）乡村春景效果制作（见图7－158）

图7－158

第八章　通道

本章导读

Photoshop CS6 中的通道主要是用于保存图像的颜色信息的。本章主要介绍通道的使用方法。通过本章的学习，需要掌握通道的基本操作和使用方法，以便能快速、准确地创造出生动精彩的图像。

学习目标

➢ 了解通道的类型及其相关用途。
➢ 掌握通道的基本操作方法。
➢ 掌握如何使用通道调整图像的色调。
➢ 掌握如何使用通道抠取图像。

在 Photoshop CS6 中，用户可以利用通道控制面板来管理所有的通道。执行"窗口→通道"命令，可以显示通道控制面板。在通道控制面板上列出图像的所有通道，并可以进行创建、复制、删除、隐藏通道和将选区存储为通道，以及对通道进行显示或隐藏等操作。

（一）认识颜色通道

颜色通道保存了图像的所有颜色信息。每一个颜色通道都是一个 8 位灰度图像。灰度颜色的浓淡即代表色彩的浓淡，合成每一个通道的颜色后，就组成该图像的颜色了。

RGB 原色图像中有 4 个通道，分别是 RGB 通道、红色通道、绿色通道和蓝色通道，其中 RGB 为混合通道。如图 8 - 1 所示。

（二）复制/删除通道

在通道控制面板中，将需要复制的通道拖曳至创建新通道按钮上，即可复制该通道。也可选中要复制的通道后，单击面板右上方的按钮，在弹出式菜单中选择复制通道命令。如图 8－2 所示。

图 8－1　　　　　　　　　　　　图 8－2

　　选取需要删除的通道，单击通道控制面板底部的删除当前通道按钮即可。也可在该颜色通道上按下鼠标右键，在弹出的快捷菜单中选择删除通道命令。

（三）显示/隐藏通道

　　通道前有只眼睛的是显示通道，没有眼睛是隐藏通道。如图 8－3 所示。

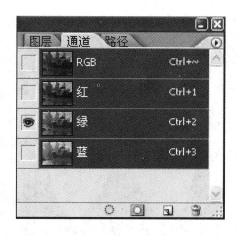

图 8－3

（四）认识 Alpha 通道

Alpha 通道最主要的功能是创建、存储和编辑选区，它和颜色通道一样，本身都是灰度图像，可以被编辑并可重复运用到图像上。如图8-4所示。

图8-4

要新建一个空白 Alpha 通道，单击通道控制面板底部的创建新通道按钮，此时在通道控制面板中会出现一个8位的灰度通道。

新建一个 Alpha 通道的另一种操作方法是：在图像窗口中建立选区后，单击通道控制面板上的将选区存储为通道按钮，即可将选区转换为 Alpha 通道。如图8-5所示。

图8-5

点拨小贴士

选择 Alpha 通道后，单击将通道作为选区载入按钮，又可将通道作为选区载入。

（五）将通道作为选区载入

选择任一通道后，单击将通道作为选区载入按钮，即可载入该通道中保存的选区。

（六）分离通道为图像

分离通道功能可以将图像中的每个通道分离为各自独立的灰度图像文件，用户可以将分离出来的图像文件单独进行编辑和保存。

将需要应用分离通道功能的图像切换为当前图像，单击通道控制面板中的按钮，在弹出式菜单中选择分离通道命令。

（七）合并通道

在将图像按通道分离为单独的文件后，在不改变文件大小的情况下，选择通道控制面板弹出式菜单中的合并通道命令，在弹出合并通道对话框中选择合并后的图像色彩模式后，单击确定按钮，即可将分离后的文件合并为 RGB 或其他色彩模式的彩色图像。如图 8－6 所示。

图 8－6

本章小结

通过介绍通道功能，使读者认识了通道控制面板及色彩模式下颜色通道，掌握了复制/删除通道、显示/隐藏通道、将通道作为选区载入、分离通道和合并通道的操作方法。

实训拓展：“超强抠图合成创意”制作

设计结果：如图 8－7 所示的效果。

图 8 – 7

设计思路：本实例独创之处在于，突破抠图思想局限，将通道作为最终制作结果用于合成，素材本身只是一个辅助图像。

（1）为了保证最终图像的清晰，我们需要把图像放大，在完成抠图之后再把图像缩小回原始大小。注意这里的"放大"不是用放大镜工具放大观看，而是将图像整体用"图像→图像大小"命令放大。如图 8 – 8 所示，将单位改为百分比，勾选"约束比例"，把图像宽高都设置为原来的 400%，单击后，图像被放大。

（2）下面这一步，将对图像进行破坏性的操作。由于本实例只是将素材作为一个辅助设计的图像来对待，所以没有将背景层复制。如果大家是要抠取原始素材中的羽毛的话，可以将背景层拉到新建图层按钮上，复制一份。这样在对副本进行色相饱和度操作之后，我们还会有一个没有被破坏过的背景层，方便以后的制作。

使用"图像→调整→色相饱和度"命令，如图 8 – 9 所示，将颜色进行调整，把黄色的草地变为绿色的，同时将颜色饱和度提高。

（3）通过观察可以看到，使用了色相饱和度命令之后，白色部分的变化最小，而背景却有了巨大的变化。

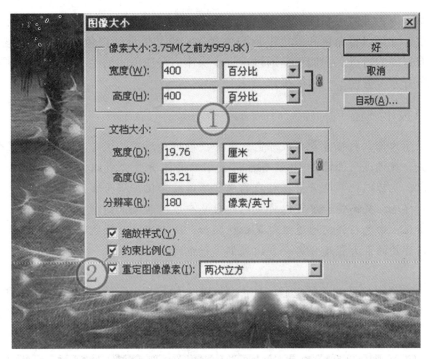

图 8－8

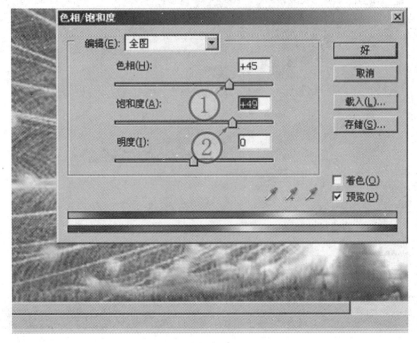

图 8－9

这是因为纯白色和纯黑色在调整色相饱和度时是没有变化的，只有同时调整了明度，才可以将白色和黑色进行颜色变化，越是接近纯白色和纯黑色的颜色，越具有这样的特点。我们正是通过这一步操作，将白色的羽毛与黄色的背景明显地区分开来。方便下一步的操作。

点拨小贴士

至于为什么要把背景变成绿色，并要提高饱和度呢？这与我们的颜色混合模式有关。我们这个图像是 RGB 颜色，我们只要把背景变成红、绿、蓝中任意一个原色，就可以把草地背景在相应的颜色通道最亮化，从而在另外两个通道中暗化。同样地，提高饱和度可以将黄色的杂草在原色通道中更加亮化，在另外的通道中暗化，白色在任何通道里都是白色显示，所以这样一调色，就会有通道出现羽毛与背景的最大程度分离，方便我们下一步的细致修理。

（4）经过这样的调整之后，如图 8－10 中的标签 1 所示，在蓝色通道中，黑白最为分明，就用这个通道来制作吧。将蓝色通道拉到新建按钮上，将它复制一份。

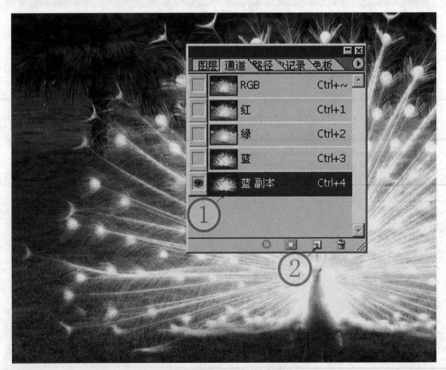

图 8－10

（5）可以看到，图像各部分的羽毛清晰程度还有不同。右下方的羽毛旁边有很多杂草信息没有去掉。而别的地方的羽毛则比较清晰。这样我们需要制作两个通道，相互结合作出一个最终所要的图像来。

再将蓝通道复制一份。如图 8-11 所示。

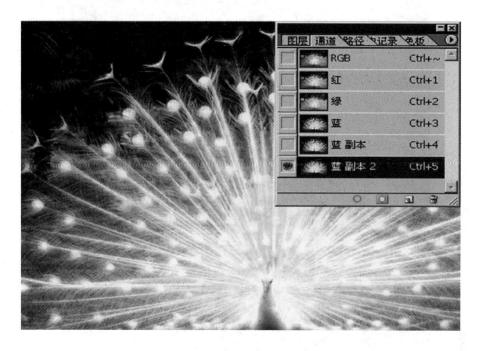

图 8-11

（6）下面我们对两个通道进行不同程度的色阶处理，一个处理得过一点，把杂草全滤掉，另一个则轻一点，保证可以看到更多的羽毛。这样我们可以让两个通道取长补短，最大限度地保留羽毛，也最大限度地去掉杂草。

先对蓝通道副本进行"图像→调整→色阶"命令处理，如图 8-12 中标签 1 所示，将杂草滤掉，可以看到，羽毛也损失了很多。如图 8-12 所示，滑块调整到右侧，整个通道比较暗。

（7）对蓝副本 2 通道进行色阶处理，如图 8-13 所示，保留更多的羽毛。

（8）如图 8-14 所示，按住 Ctrl 键单击蓝副本 2，将蓝副本 2 通道载入选区。按 Ctrl + H 快捷键，将选区隐藏。这时看不到选区，但是选区是起作用的，方便我们直观地对其进行修理。

图 8 – 12

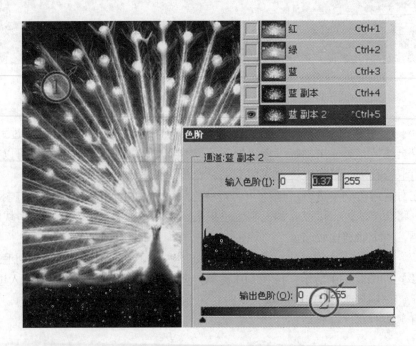

图 8 – 13

图 8 – 14

进入蓝副本通道，选择一个较软的画笔，使用白色相，降低画笔的不透明度，在羽毛损失比较厉害的地方涂一涂，可以看到羽毛会被慢慢加上。注意，不要把杂草的图像也给涂出来。这个方法可以结合两个通道的优点，而将多余的部分完美地过滤掉。

（9）完成后按 Ctrl + D 快捷键取消选择。如果最后发现还是有杂草的图像在里边，可以用软的黑色画笔，降低不透明度，在多余的图像上慢慢修复。如图 8 – 15 和图 8 – 16 所示。

（10）这是修改过后的大致模样，杂草被去得差不多了。这一步是比较费时间和费精力的，只有多练习，才可以在以后的工作中提高效率。

（11）使用图像大小命令，再将图像缩小为最初打开时的大小。羽毛被最大程度地保留。如图 8 – 17 所示。

（12）按 Ctrl + A 快捷键全选修好的通道，Ctrl + C 快捷键复制。这一次我们不用图层来完成合成，而是直接使用通道中制作好的图像来合成作品。

打开前面提供的背景图像，按 Ctrl + V 快捷键粘贴在新层中。如图 8 – 18 所示。

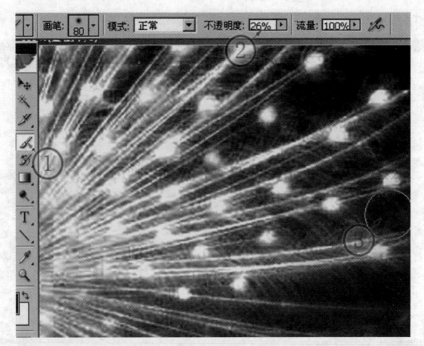

图 8 – 15

图 8 – 16

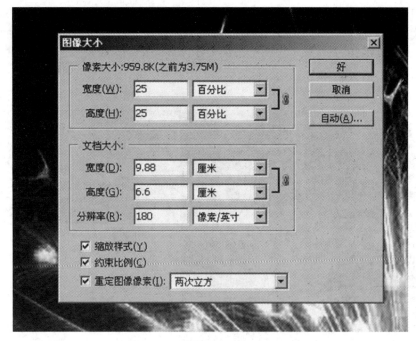

图 8 – 17

图 8 – 18

（13）有人会说，黑色的背景太难看啦。没关系，我们只要把这个图层的混合模式改为"滤色"，黑色就会被完美地去除。这可是"滤色"混合模式的看家本领，也是最常用的一种去黑色背景的方法。如图8－19所示。

（14）最后效果如图8－20所示。

图8－19

图8－20

第九章　路径

本章导读

路径可以帮用户创建精确的选区和绘制各种形状的图形，而且所绘制的路径还可像编辑矢量图形一样进行编辑。本章将详细介绍路径工具、形状工具和路径控制面板的使用方法和技巧。

学习目标

➢掌握"钢笔工具"的使用方法。
➢掌握路径的基本操作方法。
➢掌握形状工具的基本使用方法。

一、创建与编辑路径

使用路径功能可以在当前图像中创建和编辑矢量线条和图形，下面就来认识路径并掌握创建和编辑路径的各项操作方法。

（一）认识路径

在 Photoshop CS6 中，使用钢笔工具和形状工具都可以创建路径。路径由控制线、节点、控制手柄（方向线）构成。如图 9 - 1 所示。

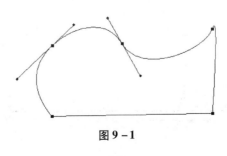

图 9 - 1

（二）钢笔工具

钢笔工具是最常用的路径创建工具，该工具可以创建各种形状的路径。如图 9 - 2 所示。

图 9 - 2

（1）形状图层按钮：单击该按钮，则在绘制路径的同时建立一个形状图层，并默认填充为前景色。如图 9 - 3 和图 9 - 4 所示。

图 9 - 3

图 9 - 4

（2）路径按钮：单击该按钮，则在创建路径时，只建立工作路径，不建立形状层。如图 9 - 5 所示。

图 9 - 5

（3）填充区域按钮：该按钮只在选择形状工具时才可用。单击该按钮，则在使用形状工具绘制形状时，只在当前图层中建立一个由前景色填充的形状，不建立形状图层和工作路径。如图9－6和图9－7所示。

图9－6

图9－7

（4）按钮：用于钢笔工具与自由钢笔工具之间切换。

（5）　　　　　　　　按钮：用于选择所绘制路径的形状样式。

（6）自动添加/删除复选框：选择此项，钢笔工具将具有添加或删除锚点的功能。

（7）　　　　　　　按钮：用于设置路径之间的运算方式。

（8）橡皮带复选框：选择该项，则在使用钢笔工具创建路径时，会自动产生一条连续的橡皮带，用以显示绘制的轨迹。

（三）自由钢笔工具

利用自由钢笔工具可以在图像中绘制任意形状的路径。在自由钢笔工具选项栏中选中磁性的复选框后，自由钢笔工具的使用方法与磁性套索工具类似。

单击工具选项栏中几何选项按钮，弹出如图9－8所示的自由钢笔选项。

（1）曲线拟合：用于控制路径时对鼠标的敏感性。数值越大，所创建路径的节点越少，路径越光滑。

图9－8

（2）磁性的：选中该复选框，下面的选项将被激活。

（3）宽度：用于定义磁性钢笔探测的距离。数值越大，则磁性钢笔工具识别的距离也越大。

（4）对比：用于定义边缘像素间的对比度。

（5）频率：用于定义钢笔在绘制路径时设置节点的密度。数值越大，则得到路径的节点数越多。

（四）编辑路径

在创建完路径后，还可对路径进行形状、位置、大小等的编辑和变换操作。

1. 选择路径

（1）使用路径选择工具在创建的路径上单击，即可选择整条路径，选中的路径中所有节点呈黑色实心显示。

（2）使用直接选择工具单击路径中需要选择的节点，即可选择单个节点；按下 Shift 键单击需要选择的节点，可选择多个节点。如图 9 – 9 和图 9 – 10 所示。

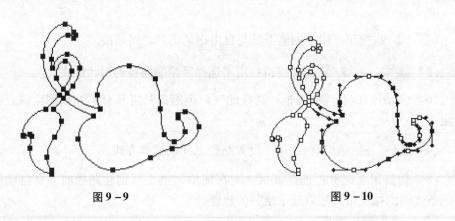

图 9 – 9　　　　　　　　　　　　　　　图 9 – 10

2. 移动路径

若要移动整条路径，可使用"路径选择工具"选择整条路径后，将路径拖至需要的位置即可；若只移动路径中的节点位置，则使用"直接选择工具"，单击并拖动该节点即可。

3. 添加锚点工具

要在绘制完成路径形状上添加锚点，可以用钢笔工具组中选择添加锚点工具，然后在路径上单击鼠标，即可增加一个锚点。

4. 删除锚点工具

在钢笔工具组中选择删除锚点工具，在选定路径的锚点上单击鼠标，即可减少锚点。

5. 转换点工具

在工具箱中选择转换点工具，拖动绘制路径上的角点，角点转换为平滑点。

单击平滑点，则平滑点转换为角点。改变角度控制柄的方向与长度，将影响路径的形状。

二、路径控制面板

打开窗口→路径，即可打开路径控制面板。如图 9 – 11 所示。

图 9 – 11

（一）选取路径

在路径控制面板中，单击需要选取的路径名称，即可选取该路径栏。一个路径栏中可以包含一条或多条路径，在选取路径栏后，如果要选择其中一条路径，还需要使用路径选择工具进行选取。

若要更改路径名称，可在路径栏中双击，在出现的文本编辑框中输入新的路径名称即可。

单击路径控制面板中空白区域，则可以取消对路径的选取和显示。

（二）新建路径

单击路径控制面板上的“创建新路径”按钮，即可创建新的路径，在路径控制面板的弹出式菜单中选择新建路径命令，在弹出的新路径对话框中为路径命名后，再建立新的路径。

（三）保存工作路径

保存工作路径的操作方法是：双击工作路径栏，在弹出的存储路径对话框中为工作路径命名后，按下“确定”按钮即可。如图 9 – 12 所示。

图 9 – 12

（四）复制和删除路径

在路径控制面板中，将需要复制的路径拖至"创建新路径"按钮上，释放鼠标即可复制该路径。

将需要删除的路径拖至删除当前路径按钮上，释放鼠标后即可将其删除。

（五）路径与选区的转换

利用路径控制面板，可以在路径与选区之间进行相互转换。

1. 将路径转换为选区

创建并编辑好路径以后，就可以将路径转换为选区，以便进一步地编辑。将路径转换为选区的操作方法是：在路径控制面板中，选择需要转换为选区的路径栏，单击将路径作为选区载入按钮，即可将该路径转换为选区。如图 9 – 13 和图 9 – 14 所示。

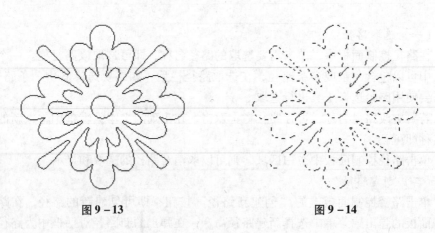

图 9 – 13   图 9 – 14

点拨小贴士

按下 Ctrl + Enter 快捷键，可快捷地将当前路径转换为选区。

2. 将选区转换为路径

在图像窗口中建立选区后，单击路径控制面板底部的从选区生成工作路径按钮，即可将选区转换为相同形状的当前工作路径。

（六）填充路径

选取要填充的路径，单击路径控制面板底部的用前景色填充路径，即可使用前景色对路径的内部进行填充。

（七）描边路径

选取要描边的路径，再单击路径控制面板底部"描边路径"按钮，即可使用前景色为路径描边。

PS 训练

范例："雪绒花"制作

"雪绒花"制作，效果如图 9 – 15 所示。

第一步：新建文件大小 640×480 像素，分辨率 72 像素/英寸。

第二步：设置工具箱的前景色为蓝色，背景色为白色。

第三步：选择工具箱中的渐变工具在工具栏上设置前景到背景渐变，渐变方式为线性渐变。

图 9 – 15

第四步：按住 Shift 键，将鼠标由上至下拖，绘制蓝白渐变效果。如图 9 - 16 所示。

图 9 - 16

点拨小贴士

使用 Shift 键可以使拖曳时绘制的线呈 45 度。

第五步：新建图层，选择工具箱中的自定形状工具，在工具栏中设置样式为路径，形状为 🐾，在画面中拖曳绘制。

第六步：按 Ctrl + T 快捷键后，旋转路径，将路径旋转 45 度，并按回车键确认。

第七步：使用工具箱中的路径选择工具，选择绘制的脚印路径。按 Ctrl + C 和 Ctrl + V 快捷键复制多个路径，并将工作路径保存为路径 1。如图 9 - 17 所示。

第八步：选择工具箱中的画笔工具，打开画笔调板，并设置相关参数。如图 9 - 18 所示。

图 9－17

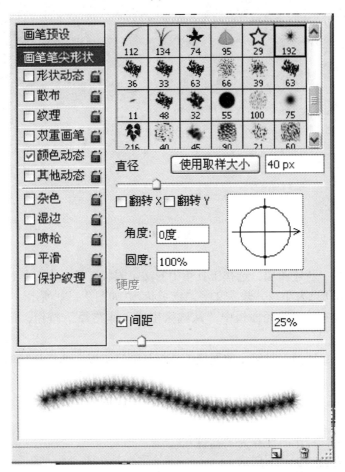

图 9－18

第九步：将前景色设置为白色，单击路径面板中的"描边"按钮，在新建的图层中描边。

第十步：单击路径面板将路径作为选区载入，将脚印路径转换成选区。

第十一步：保持当前层为脚印描边层，按 Delete 键，将选区中的描边内容擦除，并将该层的透明度设置为 50%。如图 9 - 19 所示。

图 9 - 19

第十二步：新建图层，选择工具箱中的文字蒙版工具，在工具栏中将字体设置为黑体，180 点大小，并输入文字"雪绒花"。如图 9 - 20 所示。

第十三步：单击路径面板中"从选区生成工作路径"按钮，将文字蒙版转换为路径。

第十四步：选择工具箱中的画笔工具打开画笔调板，选择星状笔头，大小为 30 像素。

第十五步：将前景色设置为白色，单击路径面板中的描边按钮，在新建的图层中描边。

第十六步：将作品保存为"雪绒花"。

最后效果如图 9 - 21 所示。

图 9 – 20

图 9 – 21

本章小结

Photoshop 是位图处理软件，而路径功能则正好使用户在 Photoshop 中就可进行矢量图形的绘制与编辑操作了。

本章主要对路径的创建与编辑应用知识进行了详细的讲解，使读者知道了创建路径可以使用钢笔工具、自由钢笔工具和形状工具，此外，还可将创建的选区转换为路径。在介绍编辑路径的操作方法时，讲解了路径选择工具、直接选择工具、转换点工具、添加锚点工具和删除锚点工具改变路径形状的操作方法。最后，通过介绍路径控制面板，使读者掌握了对创建的路径进行管理以及进一步编辑的各种操作方法。

通过对本章的学习，读者可掌握在 Photoshop 中进行矢量图形绘制和编辑以及利用路径控制面板进行各项操作的方法。

实训拓展："落叶"制作

设计结果：如图 9 - 22 所示。

图 9 - 22

设计思路：先利用选框工具绘制背景。然后利用形状工具绘制树叶形的路径，将路径转换为选区后，把素材图粘贴入选区内，制作出树叶形的效果图。最后利用文字蒙版制作出树叶描边的效果。

操作提示:

(1)新建640×480像素的文档,使用工具箱中的矩形选框工具和油漆桶工具,绘制橙色背景。如图9-23所示。

图9-23

(2)选择工具箱中的自定形状工具,在工具栏中设置样式为路径、形状为树叶,在画面中拖曳绘制。如图9-24所示。

图9-24

(3)将路径转换为选区。全选后,复制粘贴入树叶的选区内,并调整到适当位置。如图9-25所示。

— 181 —

图 9 – 25

（4）新建图层，选择工具箱中的文字蒙版工具，在工具栏中将字体设置为姚体、120 点大小，并输入文字"落叶"。如图 9 – 26 所示。

图 9 – 26

（5）将选区转换为路径。

（6）将前景色设置为绿色。

（7）打开画笔调板，将画笔设置为树叶形状，大小为 12 像素，在"形状动态"中分别设置大小抖动为 100%，最小直径为 10%，角度抖动为 16%，在"颜色动态"中设置前景、背景抖动为 100%。如图 9－27 ~ 图 9－29 所示。

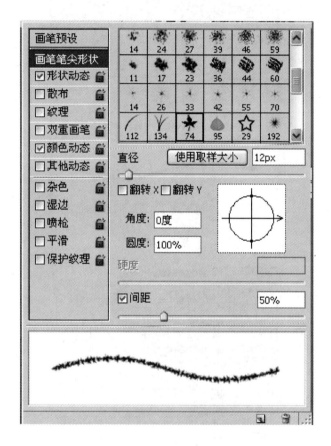

图 9－27

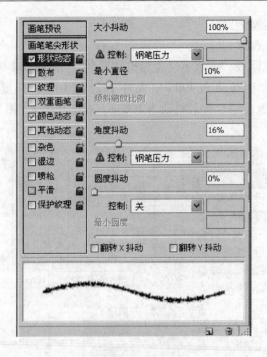

图 9 – 28

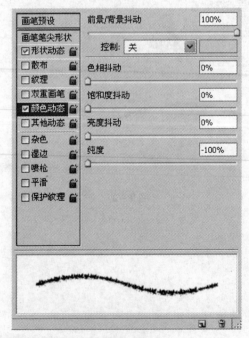

图 9 – 29

（8）沿路径描边后，将树叶及文字分别设置为投影效果。如图9-30所示。

图9-30

（9）将作品保存为落叶。

练习制作

（一）花

练习制作如图9-31所示的花。

图9-31

（二）制作 STAR 标志

练习制作如图 9 – 32 所示的 STAR 标志。

图 9 – 32

（三）制作科技之光

练习制作如图 9 – 33 所示的科技之光。

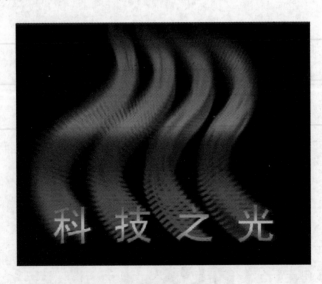

图 9 – 33

（四）爱心之家的制作

练习制作如图 9 - 34 所示的爱心之家。

图 9 - 34

（五）动物邮票制作

练习制作如图 9 - 35 所示的动物邮票。

图 9 - 35

第十章 图像色彩调整

本章导读

图像颜色与色调的调整是处理图片的基础知识，同时也是一张图片能否处理好的关键环节。本章将重点介绍色彩的相关知识以及各种调色的命令，希望大家结合课堂案例，认真学习，并结合课堂练习和课后习题不断巩固所学知识。

学习目标

➢ 了解色彩的相关知识。

➢ 掌握快速调整图像颜色与色调的命令。

➢ 掌握调整图像颜色与色调的命令。

➢ 掌握匹配、替换、混合颜色的命令。

➢ 了解特殊色调调整的命令。

色彩调整功能包括图像色调的调整、图像色彩的调整、特殊调整三大方面。调整图像的色调可校正图像的明度、对比度的问题；调整图像的色彩可改变局部或全部图像的色度等；使用特殊调整命令，可以使图像色彩产生各种特殊的效果。

（一）色阶

色阶命令用于调整图像阴影、中间调和高光强度。如图 10 - 1 所示。

（二）自动色阶

自动色阶命令通过剪切每个通道中的阴影和高光部分，将每个颜色通道中最亮和最暗的像素映射到纯白和纯黑的程度，从而使中间像素值按比例重新分布。

（三）自动对比度

自动对比度命令是通过剪切图像中的阴影和高光值，将图像剩余部分的最亮和最暗像素映射到纯白和纯黑的程度，从而使图像中的高光更亮，阴影更暗。因此自动对比度命令可自动调整图像色彩的对比度。

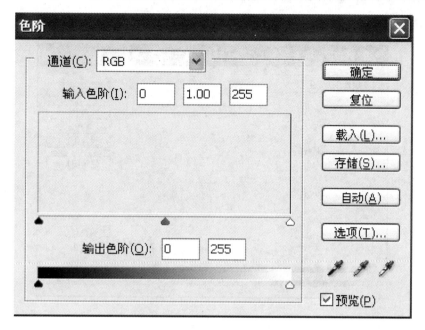

图 10 − 1

（四）自动颜色

自动颜色命令是通过搜索图像来标识阴影、中间调和高光区域，从而自动调整图像的对比度和颜色。

（五）曲线

在调整色调时，曲线命令是常用的色调调整命令。使用该命令可对图像的明暗程度、对比度、色彩等进行自定义调整。

（六）色彩平衡

色彩平衡命令可以改变图像中多种颜色的混合效果，从而调节色彩失真问题，使图像的整体色彩达到平衡。执行"图像→调整→色彩平衡"命令。

（七）亮度/对比度

亮度/对比度命令只能对图像的明暗度和对比度进行调整，因此，该命令适用于亮度不够且缺乏对比度图像的色调调整。

（八）色相/饱和度

色相/饱和度命令用于调整整个图像以及几种原色的色相、饱和度和亮度等参数。执行"图像→调整→色相/饱和度"命令，弹出所示色相/饱和度对话框。如图 10 − 2 所示。

（九）去色

去色命令可以去掉图像中所有色彩信息，使图像以灰度效果显示，但不会将图像转换灰度模式。

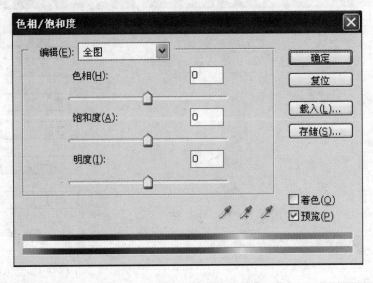

图 10 - 2

（十）匹配颜色

匹配颜色命令可以在两个图像之间进行颜色的匹配，匹配后的两个图像色调会更加统一协调。如图 10 - 3 所示。

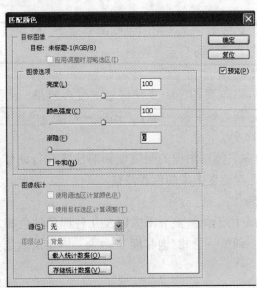

图 10 - 3

PS 训练

范例："调偏色图"使用匹配颜色

（1）打开平面图像处理素材，我们可以发现图偏黄，首先我们就要调偏色。

图 10 - 4　原图

图 10 - 5　效果图

调偏色的方法很多，这里用最简单最快捷的一种方法来调。先复制一图层。如图 10 - 6 所示。执行"图像→调整→匹配颜色"，把"中和"选项打钩，增加亮度，减小颜色强度。如图 10 - 7 所示。

图 10 - 6

（2）图还是太暗，这时肯定要增加亮度，此时如果用曲线来增加亮度会发现颜色损失太多，本来图的质量就不太好，这样就更糟了。所以我们这里用图层的混合模式来增加亮度。

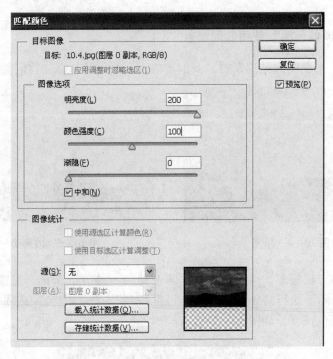

图 10 - 7

复制一层，把混合模式设为"滤色"，看看效果，还是太暗，再复制三层看看，这下好多了，然后合并这些图层。如图 10 - 8 和图 10 - 9 所示。

图 10 - 8

图 10 - 9

（3）这下变亮了，但颜色显得太深，看上去不舒服，我们再复制一层，按Ctrl + U快捷键，执行"色相/饱和度"，降低饱和度。如图 10 – 10 ~ 图 10 – 13 所示。

图 10 – 10

图 10 – 11

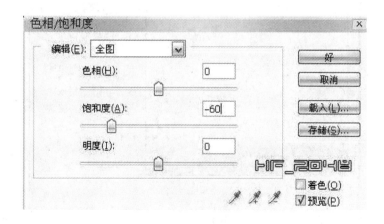

图 10 – 12

（4）色彩看着舒服了，可噪点太大，这下只能磨皮了。再复制一层，执行"滤镜→模糊→高斯模糊"，然后按住 Alt 键点击"添加蒙版"按钮，给图层添加一个黑色蒙版，也就把模糊的这层全部挡住了。如图 10 – 14 和图 10 – 15 所示。

图 10 – 13

图 10 – 14

（5）然后选择柔一点的白色画笔，在蒙版上对有噪点的地方涂抹，使其显示出高斯模糊，这样看上去比较光滑，这就是简单的磨皮了。如图 10 – 16 所示。

图 10 – 15

图 10 – 16

（6）为了使色调更鲜明，我们还得对其进行调色处理。新建一层，按 Ctrl + Shift + Alt + E 快捷键，执行盖印可见层，如图 10 – 17 所示。再按 Ctrl + M 快捷键，进行"曲线"调整，如图 10 – 18 所示。

图 10 – 17

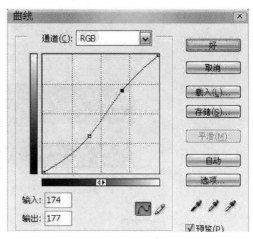

图 10 – 18

（7）这时用加深和减淡工具做局部的处理。

（8）最后我们调一下整体色调就可完工了。执行"图像→调整→色彩平衡"命令，给它加泛蓝的冷色。如图 10 – 19 所示。

图 10 – 19

（十一）替换颜色

使用替换颜色命令可以将图像中的部分颜色替换为指定的颜色。执行"图像→
调整→替换颜色"命令。如图 10 – 20 所示。

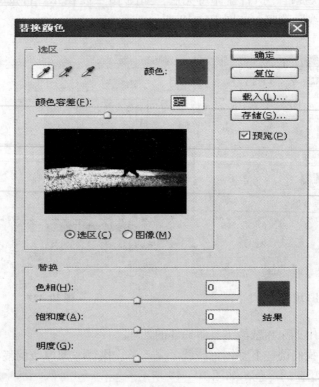

图 10 – 20

（十二）可选颜色

可选颜色命令用于对图像中某一种颜色进行修改。如图 10－21 所示。

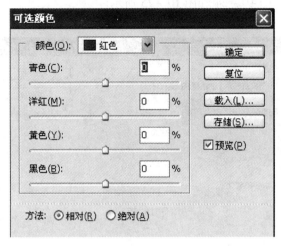

图 10－21

（1）颜色：用于选择需要调整的颜色。

（2）在青色、洋红、黄色或黑色选项中，通过拖动滑块或输入数值，可调整所选颜色中这四种颜色的含量。

（3）相对与绝对复选框用于选择调整颜色时的两种计算方式。

（十三）通道混合器

通道混合器命令是通过混合各颜色通道中像素，从而对图像色彩进行调节。执行"图像→调整→通道→通道混合器"命令。

（十四）渐变映射

渐变映射命令是通过设置渐变样式对图像进行色彩调节。执行"图像→调整→渐变映射"命令。如图 10－22 所示。

图 10－22

（十五）照片滤镜

照片滤镜命令可使图像产生类似于照相机镜头透过带颜色的滤镜而产生的效果。如图 10 – 23、图 10 – 24 和图 10 – 25 所示。

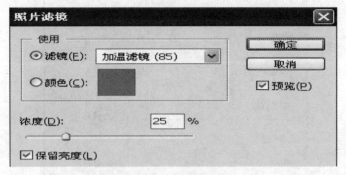

图 10 – 23

图 10 – 24

图 10 – 25

（十六）阴影/高光

使用阴影/高光命令可以分别调整图像中的阴影或高光部分。执行"图像→调整→阴影/高光"命令。如图 10 – 26 所示。

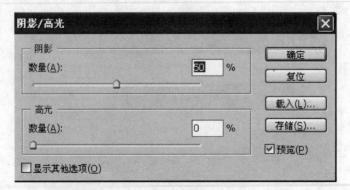

图 10 – 26

（十七）反相

反相命令通过反转图像中的色彩信息，使色彩互补，因此可使图像产生胶片的效果。如图 10 - 27、图 10 - 28 所示。

图 10 - 27

图 10 - 28

（十八）色调均化

色调均化命令是自动将图像中最暗的像素填充为黑色，将最亮的像素填充为白色，然后重新平均图像像素的亮度值，使图像色调表现得更为匀均。

（十九）阈值

阈值命令能够将彩色图像或灰度图像转变为高反差的黑白图像。如图 10 - 29、图 10 - 30 所示。

图 10 - 29

图 10 - 30

（二十）色调分离

色调分离命令可以指定图像中每个通道的色调级或亮度值的数目，并将这些像素值映射为最接近的匹配颜色。如图 10 - 31 所示。

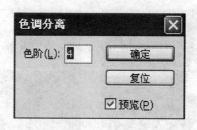

图 10 - 31

本章小结

色彩调整功能和滤镜是进行图像处理时常用的两大功能。使用色彩调整功能可以调整图像的明暗度/对比度、改变图像的颜色/饱和度、校正颜色、替换颜色、色调分离以及对色彩进行特殊的处理等。同时还可处理曝光照片，校正因外界环境造成的照片色彩不足等问题；色彩调整功能还被用于为黑白照片上色，同时结合各种图像修饰工具，还可进行老照片的处理。

实训拓展：制作特效风格画效果

（1）新建一个 800 × 600 画布，并用颜色#fdb676 填充，新建图层，使用底片笔刷，如图 10 - 32 所示。

（2）新建图层，再画一个上去，并通过自由变换工具进行调整，得到如图 10 - 33 所示的效果。

图 10 - 32

图 10 - 33

（3）打开如图 10-34 所示的素材。

（4）导入素材，用矩形选框工具将人像素材裁减为两部分，并调整位置。如图 10-35 所示。

图 10-34

图 10-35

（5）打开如图 10-36 所示的纹理素材。

（6）拖入纹理素材，放到背景层之上，将纹理层混合模式设为"亮光"，不透明度为 82%。效果如图 10-37 所示。

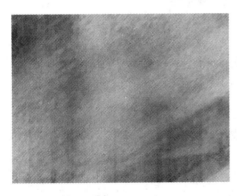

图 10-36

图 10-37

（7）在背景层上方创建新图层，隐藏其他图层，并用黑色软边笔刷绘制，如图 10-38 所示的效果。添加文字签名，如图 10-39 所示。

（8）在所有图层顶上新建一图层，选择渐变工具，设置渐变颜色，如图 10-40 所示，得到的效果如图 10-41 所示。

图 10－38   图 10－39

图 10－40   图 10－41

（9）自左向右拖动，拉一个径向渐变，如图 10－42 所示。最后将图层混合模式设为"色相"，得到最终效果，如图 10－43 所示。

图 10－42   图 10－43

第十一章　滤镜

本章导读

本章主要介绍滤镜的基本应用知识、应用技巧与各种滤镜组的艺术效果。通过本章的学习，应该了解滤镜的基础知识以及使用滤镜技巧与原则，熟悉并掌握各种滤镜组的艺术效果！以便能快速、准确地创作出精彩的图像。

学习目标

➢认识滤镜和滤镜库。
➢掌握智能滤镜的使用方法。
➢掌握滤镜的使用原则与相关技巧。
➢掌握各个滤镜组的功能与特点。

一、滤镜的原理与使用方法

滤镜是 Photoshop 中最具吸引力的功能之一，它就像是一个神奇的魔术师，随手一变，就能让普通的图像呈现出令人惊叹的视觉效果。滤镜不仅用于制作各种特效，还能模拟素描、油画、水彩等绘画效果。在这一章中，我们就来详细了解各种滤镜的特点与使用方法。

（一）什么是滤镜

（1）Filter（滤镜）是 Photoshop 的特色工具之一，充分而适度地利用好滤镜不仅可以改善图像效果、掩盖缺陷，还可以在原有图像的基础上产生许多特殊炫目的效果。

（2）Filter（滤镜），具有强大的功能。滤镜产生的复杂数字化效果源自摄影技术，滤镜不仅可以改善图像的效果并掩盖其缺陷，还可以在原有图像的基础上产生许多特殊的效果。

（二）滤镜的种类和主要用途

滤镜分为内置滤镜和外挂滤镜两大类。内置滤镜是 Photoshop 自身提供的各种滤镜，外挂滤镜则是由其他厂商开发的滤镜，它们需要安装在 Photoshop 中才能使用。

Photoshop 的所有滤镜都在"滤镜"菜单中。其中"滤镜库"、"镜头校正"、"液化"和"消失点"等是特殊滤镜，被单独列出，而其他滤镜都依据其主要功能放置在不同类别的滤镜组中。如果安装了外挂滤镜，则它们会出现在"滤镜"菜单底部。

Photoshop 的内置滤镜主要有两种用途。第一种用于创建具体的图像特效，如可以生成粉笔画、图章、纹理、波浪等各种效果，此类滤镜的数量最多，且绝大多数都在"风格化"、"画笔描边"、"扭曲"、"素描"、"纹理"、"像素化"、"渲染"和"艺术效果"等滤镜组中。除"扭曲"以及其他少数滤镜外，基本上都是通过"滤镜库"来管理和应用的。

第二种用于编辑图像，如减少图像杂色、提高清晰度等。这些滤镜在"模糊"、"锐化"和"杂色"等滤镜组中。此外，"液化"、"消失点"和"镜头校正"也属于此类滤镜，这三种滤镜比较特殊，它们功能强大，并且有自己的工具和独特的操作方法，更像是独立的软件。

（三）滤镜的使用规则

（1）滤镜只能应用于当前可视图层，且可以反复、连续应用。但一次只能应用在一个图层上。

（2）滤镜不能应用于位图模式、索引颜色和 48 bit RGB 模式的图像，某些滤镜只对 RGB 模式的图像起作用，如 Brush Strokes 滤镜和 Sketch 滤镜就不能在 CMYK 模式下使用。还有，滤镜只能应用于图层的有色区域，对完全透明的区域没有效果。

（3）有些滤镜完全在内存中处理，所以内存的容量对滤镜的生成速度影响很大。

（4）有些滤镜很复杂抑或要应用滤镜的图像尺寸很大，执行时需要很长时间，如果想结束正在生成的滤镜效果，只需按 Esc 键即可。

（5）上次使用的滤镜将出现在滤镜菜单的顶部，可以通过执行此命令对图像再次应用上次使用过的滤镜效果。

（6）如果在滤镜设置窗口中对自己调节的效果感觉不满意，希望恢复调节前的参数，可以按住 Alt 键，这时取消按钮会变为复位按钮，单击此按钮就可以将参数重置为调节前的状态。

（四）滤镜的使用技巧

在任意滤镜对话框中按住 Alt 键，"取消"按钮就会变成"复位"按钮，如

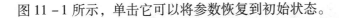

图 11 -1 所示，单击它可以将参数恢复到初始状态。

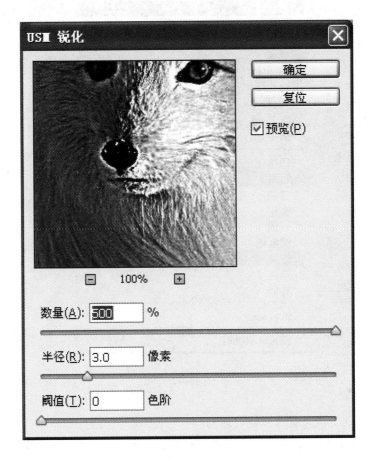

图 11 -1

使用一个滤镜后，"滤镜"菜单的第一行便会出现该滤镜的名称，如图11 -2 所示，单击它或按下 Ctrl + F 快捷键可以快速应用这一滤镜。如果要修改滤镜参数，可以按下 Alt + Ctrl + F 快捷键，打开该滤镜的对话框重新设定。

二、智能滤镜

智能滤镜是 Photoshop CS3 版本中出现的功能，我们在前面介绍过，滤镜需要修改像素才能呈现特效，而智能滤镜则是一种非破坏性的滤镜，可以达到与普通滤镜完全相同的效果，但它是作为图层效果出现在"图层"面板中的，因此不仅可以改变图像中的任何像素，还可以随时修改参数或者删除参数。

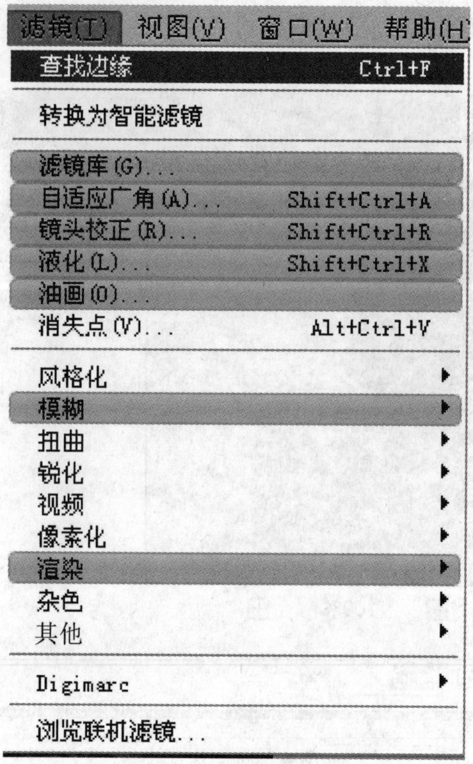

图 11 – 2

（一）智能滤镜与普通滤镜的区别

在 Photoshop 中，普通的滤镜是通过修改像素来生成效果的。例如，图 11 – 3 为一个图像文件，图 11 – 4 是"染色玻璃"滤镜处理后的效果。从"图层"面板中可以看到，"背景"图层的像素被修改了，如果将图像保存并关闭，就无法恢复到原来的效果了。

智能滤镜是一种非破坏性的滤镜，它将滤镜效果应用于智能对象上，不会修改图像的原始数据。例如，图 11 – 5 为智能滤镜的处理结果，可以看到，它与普通"染色玻璃"滤镜的效果完全相同。

智能滤镜包含一个类似于图层样式的列表，列表中显示了我们使用的滤镜，只要单击智能滤镜前面的眼睛图标，将滤镜效果隐藏（或者将它删除），即可恢复原始图像。如图 11 – 6 所示。

图 11 - 3

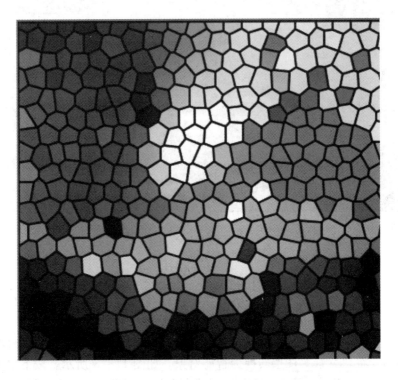

图 11 - 4

图 11 - 5

图 11 - 6

（二）实战：用智能滤镜制作网点照片

（1）按下 Ctrl + O 快捷键，打开平面图像处理中的照片素材。如图 11 - 7 所示。

（2）执行"滤镜→转换为智能滤镜"命令，弹出一个提示信息，单击"确定"按钮，将"背景"图层转换为智能对象，如图 11 - 8 所示。按下 Ctrl + J 快捷键复制图层，得到"图层 0 副本"。将前景色调整为蓝色。执行"滤镜→素描→

图 11 –7

半调图案"命令，打开"滤镜库"，将"图像类型"设置为"网点"，其他参数
如图 11 –9 所示。单击"确定"按钮，对图像应用智能滤镜，如图 11 – 10 和
图 11 –11 所示。

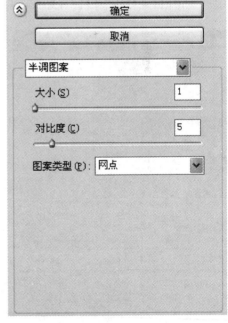

图 11 –8   图 11 –9

图 11 −10

图 11 −11

（3）执行"滤镜→锐化→USM 锐化"命令，对图像进行锐化，使网点变得清晰。如图 11 −12 和图 11 −13 所示。

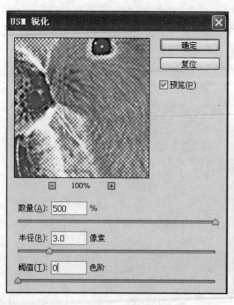

图 11 −12

图 11 −13

（4）将"图层0副本"的混合模式设置为"正片叠底"，如图11－14所示。选择"图层0"，如图11－15所示。

图 11－14

图 11－15

（5）将前景色调整为洋红色（R173，G95，B198）。执行"滤镜→素描→半调图案"命令，打开"滤镜库"，使用默认的参数，将"图层0"中的图像处理为网点效果，如图11－16所示；再执行"滤镜→锐化→USM锐化"命令，锐化网点，如图11－17所示。

图 11－16

图 11－17

（6）选择移动工具，按下←键或→键轻移图层，使上下两个图层中的网点错开。最后使用裁剪工具将照片的边缘裁齐。如图 11 - 18 所示。

图 11 - 18

三、风格化滤镜组

Stylize（风格化）滤镜主要作用于图像的像素，可以强化图像的色彩边界，所以图像的对比度对此类滤镜的影响较大，风格化滤镜最终营造出的是一种印象派的图像效果。

（一）查找边缘滤镜

作用：用相对于白色背景的深色线条来勾画图像的边缘，得到图像的大致轮廓。如果我们先加大图像的对比度，然后再应用此滤镜，可以得到更多更细致的边缘。

调节参数：无。

图解效果见图 11 - 19。

（二）等高线滤镜

类似于查找边缘滤镜的效果，但允许指定过渡区域的色调水平，主要作用是勾画图像的色阶范围。

调节参数，如图 11 - 20 所示。

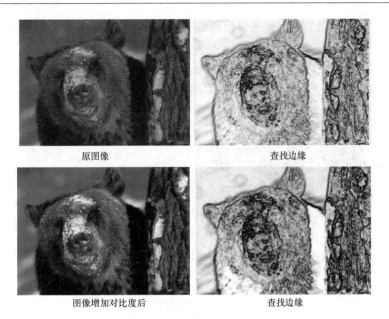

原图像 查找边缘

图像增加对比度后 查找边缘

图 11 – 19

等高线

图 11 – 20

（1）色阶：可以通过拖动三角形滑块或输入数值来指定色阶的阈值（0~255）。

（2）较低：勾画像素的颜色低于指定色阶的区域。

（3）较高：勾画像素的颜色高于指定色阶的区域。

图解效果，如图 11 - 21 所示。

原图像　　　　　　　　　等高线（较低）

等高线（较高）

图 11 - 21

（三）风滤镜

在图像中色彩相差较大的边界上增加细小的水平短线来模拟风的效果。

调节参数，如图 11 - 22 所示。

（1）风：细腻的微风效果。

（2）大风：比风效果要强烈得多，图像改变很大。

（3）飓风：最强烈的风效果，图像已发生变形。

（4）从左：风从左面吹来。

（5）从右：风从右面吹来。

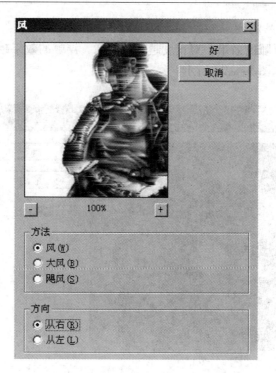

图 11 – 22

图解效果，如图 11 – 23 所示。

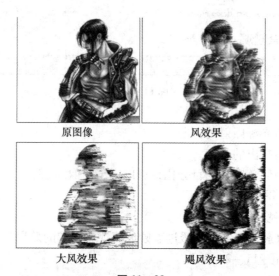

原图像   风效果

大风效果   飓风效果

图 11 – 23

（四）浮雕效果滤镜

生成凸出和浮雕的效果，对比度越大的图像，浮雕的效果越明显。

调节参数，如图 11 – 24 所示。

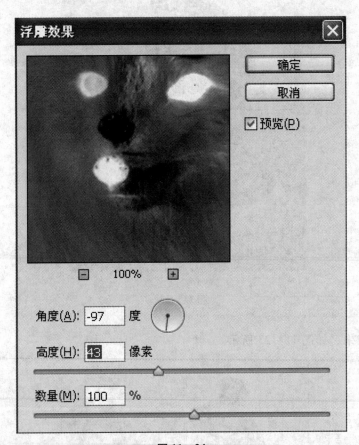

图 11 – 24

（1）角度：为光源照射的方向。

（2）高度：为凸出的高度。

（3）数量：为颜色数量的百分比，可以突出图像的细节。

图解效果，如图 11 – 25 所示。

（五）扩散滤镜

搅动图像的像素，产生类似透过磨砂玻璃观看图像的效果。

调节参数，如图 11 – 26 所示。

原图像   浮雕效果

图 11 - 25

图 11 - 26

（1）正常：为随机移动像素，使图像的色彩边界产生毛边的效果。

（2）变暗优先：用较暗的像素替换较亮的像素。

（3）变亮优先：用较亮的像素替换较暗的像素。

图解效果，如图 11 – 27 所示。

原图像　　　　　　　　　　　正常模式

变暗优先模式　　　　　　　　变亮优先模式

图 11 – 27

（六）拼贴滤镜

将图像按指定的值分裂为若干个正方形的拼贴图块，并按设置的位移百分比的值进行随机偏移。

调节参数，如图 11 – 28 所示。

图 11 – 28

（1）拼贴数：设置行或列中分裂出的最小拼贴块数。

（2）最大位移：为贴块偏移其原始位置的最大距离（百分数）。

（3）背景色：用背景色填充拼贴块之间的缝隙。

（4）前景色：用前景色填充拼贴块之间的缝隙。

（5）反选图像：用原图像的反相色图像填充拼贴块之间的缝隙。

（6）未改变的图像：使用原图像填充拼贴块之间的缝隙。

图解效果，如图 11 - 29 所示。

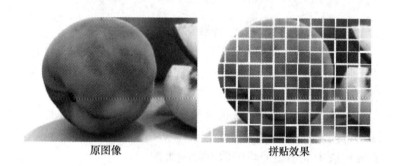

原图像　　　　　　　　　　　拼贴效果

图 11 - 29

（七）曝光过度滤镜

使图像产生原图像与原图像的反相进行混合后的效果（注：此滤镜不能应用在 Lab 模式下）。

调节参数：无。

图解效果，如图 11 - 30 所示。

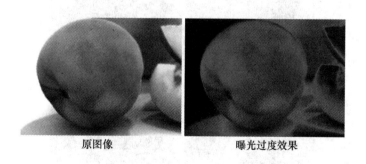

原图像　　　　　　　　　　　曝光过度效果

图 11 - 30

（八）凸出滤镜

将图像分割为指定的三维立方块或棱锥体（注：此滤镜不能应用在 Lab 模式下）。

调节参数，如图 11 -31 所示。

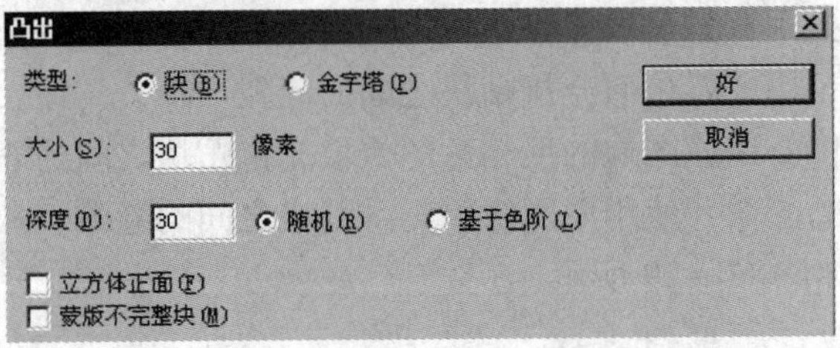

图 11 -31

（1）块：将图像分解为三维立方块，将用图像填充立方块的正面。

（2）金字塔：将图像分解为类似金字塔形的三棱锥体。

（3）大小：设置块或金字塔的底面尺寸。

（4）深度：控制块凸出的深度。

（5）随机：选中此项后使块的深度取随机数。

（6）基于色阶：选中此项后使块的深度随色阶的不同而定。

（7）立方体正面：勾选此项，将用该块的平均颜色填充立方块的正面。

（8）蒙版不完整块：使所有块的凸出包括在颜色区域。

图解效果，如图 11 -32 所示。

原图像　　　　　　　　　块

金字塔　　　　　　　立方体正面

图 11 -32

四、模糊滤镜组

Blur（模糊）滤镜主要是使选区或图像柔和，淡化图像中不同色彩的边界，以达到掩盖图像的缺陷或创造出特殊效果的作用。

（一）动感模糊滤镜

对图像沿着指定的方向（ - 360 度 ~ + 360 度），以指定的强度（1 ~ 999）进行模糊。

调节参数，如图 11 - 33 所示。

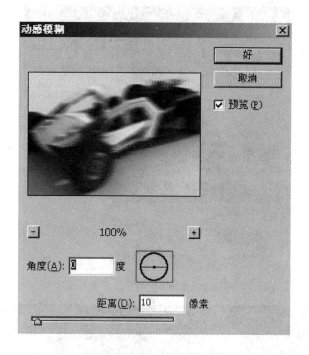

图 11 - 33

角度：设置模糊的角度。

距离：设置动感模糊的强度。

图解效果，如图 11 - 34 所示。

（二）高斯模糊滤镜

按指定的值快速模糊选中的图像部分，产生一种朦胧的效果。

调节参数，如图 11 - 35 所示。

半径：调节模糊半径，范围是 0.1 ~ 250 像素。

图解效果，如图 11 - 36 所示。

原图像 　　　　　　　　　　　　　　　　动感模糊效果

图 11 - 34

图 11 - 35

原图像 　　　　　　　　　　　　　　　　高斯模糊效果

图 11 - 36

（三）模糊滤镜

产生轻微模糊效果，可消除图像中的杂色，如果只应用一次效果不明显，可重复应用。

调节参数：无。

图解效果，如图 11 - 37 所示。

原图像　　　　　　　　　　　　模糊滤镜效果

图 11 - 37

（四）进一步模糊滤镜

产生的模糊效果为模糊滤镜效果的 3 ~ 4 倍，可以与图 11 - 37 进行对比。

调节参数：无。

图解效果，如图 11 - 38 所示。

原图像　　　　　　　　　　　　模糊滤镜效果

图 11 - 38

（五）径向模糊滤镜

模拟移动或旋转的相机产生的模糊。

调节参数，如图 11 - 39 所示。

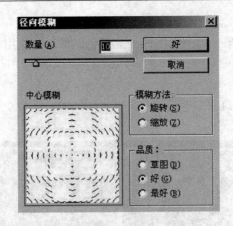

图 11 -39

数量：控制模糊的强度，范围是 1 ~ 100。

旋转：按指定的旋转角度沿着同心圆进行模糊。

缩放：产生从图像的中心点向四周发射的模糊效果。

品质：有三种品质草图：好、最好、效果从差到好。

图解效果，如图 11 - 40 所示。

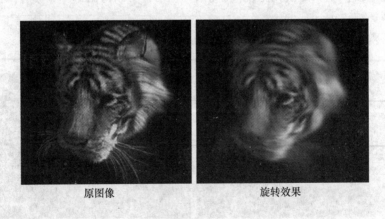

原图像   旋转效果

图 11 -40

（六）特殊模糊滤镜

可以产生多种模糊效果，使图像的层次感减弱。

调节参数，如图 11 - 41 所示。

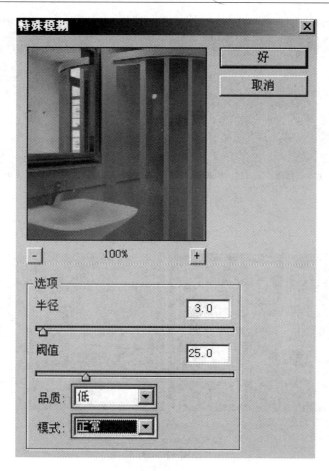

图 11 –41

半径：确定滤镜要模糊的距离。

阈值：确定像素之间的差别达到何值时可以对其进行消除。

品质：可以选择高、中、低三种品质。

正常：此模式只将图像模糊。

边缘优先：此模式可勾画出图像的色彩边界。

叠加边缘：前两种模式的叠加效果。

图解效果，如图 11 –42、图 11 –43 所示。

原图像　　　　　　　　　　　　　　　正常模式

图 11 – 42

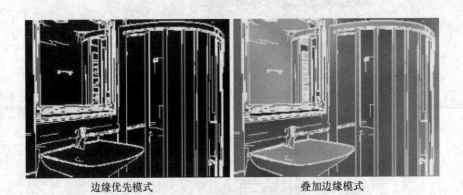

边缘优先模式　　　　　　　　　　　　叠加边缘模式

图 11 – 43

五、扭曲滤镜组

Distort（扭曲）滤镜通过对图像应用扭曲变形实现各种效果。

（一）波浪滤镜

使图像产生波浪扭曲效果。

生成器数：控制产生波的数量，范围是 1～999。

波长：其最大值与最小值决定相邻波峰之间的距离，两值相互制约，最大值必须大于或等于最小值。

波幅：其最大值与最小值决定波的高度，两值相互制约，最大值必须大于或等于最小值。

比例：控制图像在水平或垂直方向上的变形程度。

类型：有三种类型可供选择，分别是正弦、三角形和正方形。

随机化：每单击一下此按钮都可以为波浪指定一种随机效果。

折回：将变形后超出图像边缘的部分反卷到图像的对边。

重复边缘像素：将图像中因为弯曲变形超出图像的部分分布到图像的边界上。

图解效果，如图 11 -44、图 11 -45 所示。

原图像 　　　　　　　　　　　　　　正弦模式

图 11 -44

三角形模式 　　　　　　　　　　　　正方形模式

图 11 -45

（二）波纹滤镜

可以使图像产生类似水波纹的效果。

数量：控制波纹的变形幅度，范围是 -999% ~999% 。

大小：有大、中和小三种波纹可供选择。

图解效果，如图 11 -46、图 11 -47 所示。

原图像

小波纹效果

图 11 - 46

中波纹效果

大波纹效果

图 11 - 47

（三）玻璃滤镜

使图像看上去如同隔着玻璃观看一样，此滤镜不能应用于 CMYK 和 Lab 模式的图像。

扭曲度：控制图像的扭曲程度，范围是 0 ~ 20。

平滑度：平滑图像的扭曲效果，范围是 1 ~ 15。

纹理：可以指定纹理效果，可以选择现成的结霜、块、画布和小镜头纹理，也可以载入别的纹理。

缩放：控制纹理的缩放比例。

反相：使图像的暗区亮区相互转换。

图解效果，如图 11 - 48 ~ 图 11 - 50 所示。

原图像

图 11 - 48

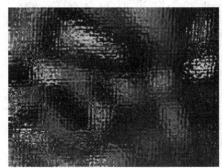 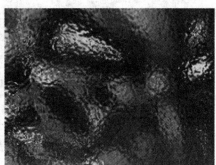

画布纹理效果 结霜纹理效果

图 11 - 49

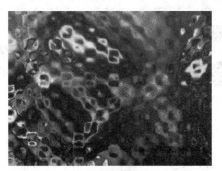

小镜头纹理效果

图 11 - 50

（四）海洋波纹滤镜

使图像产生普通的海洋波纹效果，此滤镜不能应用于 CMYK 和 Lab 模式的图像。

波纹大小：调节波纹的尺寸。

波纹幅度：控制波纹振动的幅度。

图解效果，如图 11 -51 所示。

原图像　　　　　　　　　　　海洋波纹效果

图 11 -51

（五）极坐标滤镜

可将图像的坐标从平面坐标转换为极坐标或从极坐标转换为平面坐标。

平面坐标到极坐标：将图像从平面坐标转换为极坐标。

极坐标到平面坐标：将图像从极坐标转换为平面坐标。

图解效果，如图 11 -52、图 11 -53 所示。

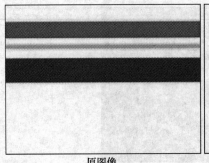

原图像　　　　　　　　　　　平面坐标到极坐标

图 11 -52

极坐标到平面坐标

图 11 – 53

（六）挤压滤镜

使图像的中心产生凸起或凹下的效果。

数量：控制挤压的强度，正值为向内挤压，负值为向外挤压，范围是 – 100% ~ 100%。

图解效果，如图 11 – 54、图 11 – 55 所示。

原图像　　　　　　　　　　　　向内挤压

图 11 – 54

向外挤压

图 11 – 55

（七）扩散亮光滤镜

向图像中添加透明的背景色颗粒，在图像的亮区向外进行扩散添加，产生一种类似发光的效果。此滤镜不能应用于 CMYK 和 Lab 模式的图像。

粒度：为添加背景色颗粒的数量。

发光量：增加图像的亮度。

清除数量：控制背景色影响图像的区域大小。

图解效果，如图 11 – 56 所示。

原图像   扩散亮光效果

图 11 – 56

（八）切变滤镜

可以控制指定的点来弯曲图像。

折回：将切变后超出图像边缘的部分反卷到图像的对边。

重复边缘像素：将图像中因为切变变形而超出图像的部分分布到图像的边界上。

图解效果，如图 11 – 57 所示。

原图像   切变效果

图 11 – 57

（九）球面化滤镜

可以使选区中心的图像产生凸出或凹陷的球体效果，类似挤压滤镜的效果。

数量：控制图像变形的强度，正值产生凸出效果，负值产生凹陷效果，范围是 -100% ~ 100%。

正常：在水平和垂直方向上共同变形。

水平优先：只在水平方向上变形。

垂直优先：只在垂直方向上变形。

图解效果，如图 11 - 58 所示。

原图像　　　　　　　　　　　球面化效果

图 11 - 58

（十）水波滤镜

使图像产生同心圆状的波纹效果。

数量：为波纹的波幅。

起伏：控制波纹的密度。

围绕中心：将图像的像素绕中心旋转。

从中心向外：靠近或远离中心置换像素。

水池波纹：将像素置换到中心的左上方和右下方。

图解效果，如图 11 - 59 所示。

原图像　　　　　　　　　　　水波效果

图 11 - 59

（十一）旋转扭曲滤镜

使图像产生旋转扭曲的效果。

角度：调节旋转的角度，范围是 -999～999 度。

图解效果，如图 11 - 60 所示。

原图像　　　　　　　　　旋转扭曲效果

图 11 - 60

（十二）置换滤镜

可以产生弯曲、碎裂的图像效果。置换滤镜比较特殊的是设置完毕后，还需要选择一个图像文件作为位移图，滤镜根据位移图上的颜色值移动图像像素。

水平比例：滤镜根据位移图的颜色值将图像的像素在水平方向上移动多少。

垂直比例：滤镜根据位移图的颜色值将图像的像素在垂直方向上移动多少。

伸展以适合：变换位移图的大小以匹配图像的尺寸。

拼贴：将位移图重复覆盖在图像上。

折回：将图像中未变形的部分反卷到图像的对边。

重复边缘像素：将图像中未变形的部分分布到图像的边界上。

图解效果，如图 11 - 61、图 11 - 62 所示。

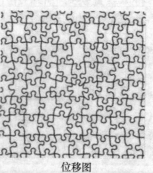

原图像　　　　　　　　　位移图

图 11 - 61

置换效果

图 11 – 62

六、锐化滤镜组

Pen（锐化）滤镜通过增加相邻像素的对比度来使模糊图像变得清晰。

（一）USM 锐化滤镜

改善图像边缘的清晰度。调节参数，如图 11 – 63 所示。

图 11 – 63

（1）数量：控制锐化效果的强度。

（2）半径：指定锐化的半径。

（3）阈值：指定相邻像素之间的比较值。

图解效果，如图 11 – 64 所示。

原图像　　　　　　　　　　　　USM锐化后的效果

图 11 – 64

（二）锐化滤镜

产生简单的锐化效果。

图解效果，如图 11 – 65 所示。

原图像　　　　　　　　　　　　锐化效果

图 11 – 65

（三）进一步锐化滤镜

产生比锐化滤镜更强的锐化效果。

图解效果，如图 11 - 66 所示。

原图像　　　　　　　　　　　　　进一步锐化效果

图 11 - 66

（四）锐化边缘滤镜

与锐化滤镜的效果相同，但它只是锐化图像的边缘。

图解效果，如图 11 - 67 所示。

原图像　　　　　　　　　　　　　锐化边缘效果

图 11 - 67

七、视频滤镜组

Video（视频）滤镜属于 Photoshop 的外部接口程序，用来从摄像机输入图像或将图像输出到录像带上。

（一）NTSC 颜色滤镜

将色域限制在电视机重现可接受的范围内，以防止过于饱和颜色渗到电视扫描行中。此滤镜对基于视频的因特网系统上的 Web 图像处理很有帮助（注：此组滤镜不能应用于灰度、CMYK 和 Lab 模式的图像）。

（二）逐行滤镜

通过去掉视频图像中的奇数或偶数交错行，使在视频上捕捉的运动图像变得平滑。可以选择"复制"或"插值"来替换去掉的行（注：此组滤镜不能应用于 CMYK 模式的图像）。

调节参数，如图 11 - 68 所示。

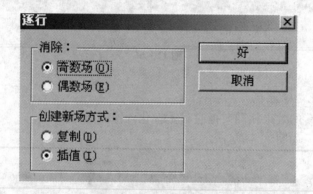

图 11 - 68

（1）奇数场：消除奇数场。

（2）偶数场：消除偶数场。

（3）复制：利用复制的方式创建新场。

（4）插值：利用插值的方式创建新场。

图解效果，如图 11 - 69 所示。

八、像素化滤镜组

Pixelate（像素化）滤镜将图像分成一定的区域，将这些区域转变为相应的色块，再由色块构成图像，类似于色彩构成的效果。

原图像　　　　　　　　　　　　　　逐行效果

图 11 - 69

（一）彩块化滤镜

使用纯色或相近颜色的像素结块来重新绘制图像，类似手绘的效果。

图解效果，如图 11 - 70 所示。

原图像　　　　　　　　　　　　　　彩块化效果

图 11 - 70

（二）彩色半调滤镜

模拟在图像的每个通道上使用半调网屏的效果，将一个通道分解为若干个矩形，然后用圆形替换掉矩形，圆形的大小与矩形的亮度成正比。调节参数，如图 11 - 71 所示。

图 11 – 71

最大半径：设置半调网屏的最大半径。

对于灰度图像：只使用通道 1。

对于 RGB 图像：使用 1、2 和 3 通道，分别对应红色、绿色和蓝色通道。

对于 CMYK 图像：使用所有四个通道，对应青色、洋红、黄色和黑色通道。

图解效果，如图 11 – 72 所示。

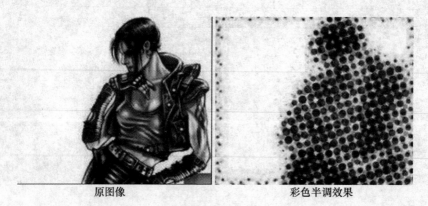

原图像   彩色半调效果

图 11 – 72

（三）点状化

将图像分解为随机分布的网点，模拟点状绘画的效果。使用背景色填充网点之间的空白区域。调节参数，如图 11 – 73 所示。

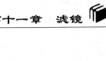

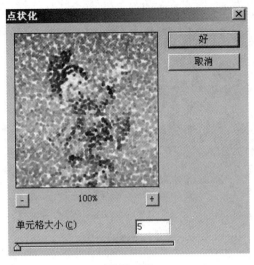

图 11－73

单元格大小：调整单元格的尺寸，不要设得过大，否则图像将变得面目全非，范围是 3～300。

图解效果，如图 11－74 所示。

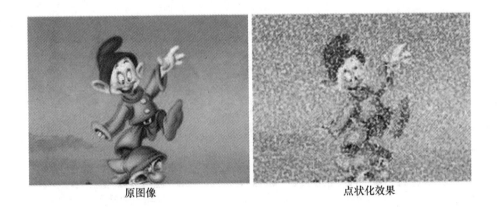

原图像　　　　　　　　　　　　　　　点状化效果

图 11－74

（四）Grystallize 晶格化滤镜

使用多边形纯色结块重新绘制图像。调节参数，如图 11－75 所示。

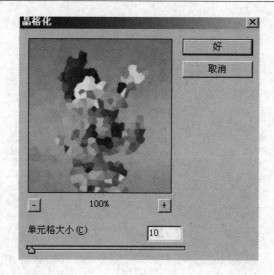

图 11 – 75

单元格大小：调整结块单元格的尺寸，不要设得过大，否则图像将变得面目全非，范围是 3～300。

图解效果，如图 11 – 76 所示。

原图像　　　　　　　　　　　　晶格化效果

图 11 – 76

（五）碎片滤镜

将图像创建四个相互偏移的副本，产生类似重影的效果。

图解效果，如图 11 – 77 所示。

原图像

碎片效果

图 11 -77

（六）铜版雕刻滤镜

使用黑白或颜色完全饱和的网点图案重新绘制图像。调节参数，如图 11 - 78 所示。

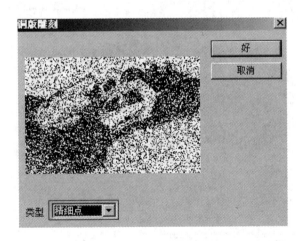

图 11 -78

类型：共有 10 种类型，分别为精细点、中等点、粒状点、粗网点、短线、中长直线、长线、短描边、中长描边和长边。

图解效果，如图 11 - 79 所示。

原图像 铜版雕刻效果

图 11 - 79

（七）马赛克滤镜

众所周知的马赛克效果，是将像素结为方形块。调节参数，如图 11 - 80 所示。

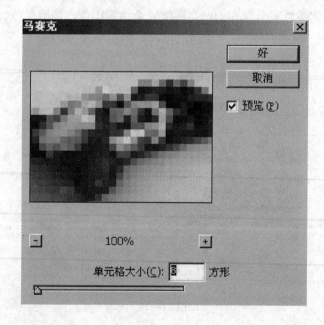

图 11 - 80

单元格大小：调整色块的尺寸。

图解效果，如图 11 - 81 所示。

原图像　　　　　　　　　　　　马赛克效果

图 11 – 81

九、渲染滤镜组

Render（渲染）滤镜使图像产生三维映射云彩图像、折射图像和模拟光线反射，还可以用灰度文件创建纹理进行填充，可用于模拟场景中的光照效果，该组包括了 5 种滤镜效果。

（一）分层云彩滤镜

使用随机生成的介于前景色与背景色之间的值来生成云彩图案，产生类似负片的效果，此滤镜不能应用于 Lab 模式的图像。

图解效果，如图 11 – 82 所示。

原图像　　　　　　　　　　　　分层云彩效果

图 11 – 82

（二）镜头光晕滤镜

模拟亮光照射到相机镜头所产生的光晕效果。通过点击图像缩览图来改变光晕中心的位置，此滤镜不能应用于灰度、CMYK 和 Lab 模式的图像。

调节参数，如图 11 – 83 所示。

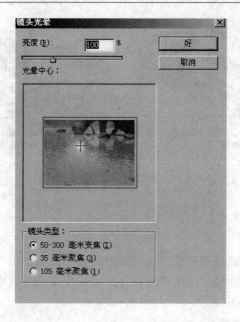

图 11 - 83

三种镜头类型：50 ~ 300 毫米变焦、35 毫米聚焦和 105 毫米聚焦。
图解效果，如图 11 - 84、图 11 - 85 所示。

原图像   50~300毫米变焦

图 11 - 84

（三）纤维
可以运用前景色和背景色创建纤维效果。
调节参数，如图 11 - 86 所示。
图解效果，如图 11 - 87 所示。

35毫米变焦　　　　　　　　　　105毫米变焦

图 11 – 85

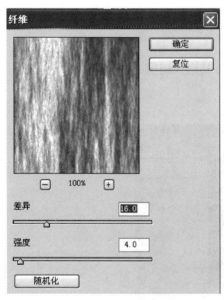

图 11 – 86

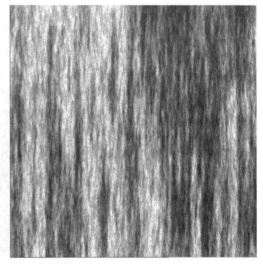

图 11 – 87

（四）云彩滤镜

使用介于前景色和背景色之间的随机值生成柔和的云彩效果，如果按住 Alt
键使用云彩滤镜，将会生成色彩相对分明的云彩效果。

图解效果，如图 11 – 88 所示。

<table>
<tr><td>原图像</td><td>云彩效果</td></tr>
</table>

图 11 – 88

十、杂色滤镜组

（一）蒙尘与划痕滤镜

可以捕捉图像或选区中相异的像素，并将其融入周围的图像中去。

调节参数，如图 11 – 89 所示。

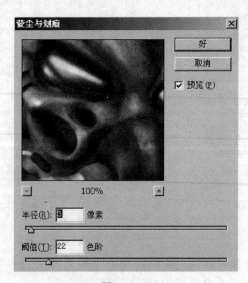

图 11 – 89

半径：控制捕捉相异像素的范围。

阈值：用于确定像素的差异究竟达到多少时才被消除。

图解效果，如图 11 – 90 所示。

原图像　　　　　　　　　　　　　　　　蒙尘与划痕效果

图 11 – 90

（二）去斑滤镜

检测图像边缘颜色变化较大的区域，通过模糊除边缘以外的其他部分以起到消除杂色的作用，但不损失图像的细节。图解效果，如图 11 – 91 所示。

原图像　　　　　　　　　　　　　　　　去斑效果

图 11 – 91

（三）添加杂色滤镜

将添入的杂色与图像相混合。调节参数，如图 11 – 92 所示。

数量：控制添加杂色的百分比。

平均分布：使用随机分布产生杂色。

高斯分布：根据高斯钟形曲线进行分布，产生的杂色效果更明显。

单色：选中此项，添加的杂色将只影响图像的色调，而不会改变图像的颜色。

图 11 - 92

图解效果，如图 11 - 93 所示。

原图像   添加杂色效果

图 11 - 93

（四）中间值滤镜

通过混合像素的亮度来减少杂色。调节参数，如图 11 - 94 所示。

半径：此滤镜将用规定半径内像素的平均亮度值来取代半径中心像素的亮度值。

图解效果，如图 11 - 95 所示。

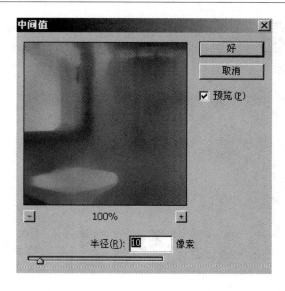

图 11 - 94

原图像　　　　　　　　　　中间值效果

图 11 - 95

十一、画笔描边滤镜组

画笔描边滤镜主要模拟使用不同的画笔和油墨进行描边创造出的绘画效果（注：此类滤镜不能应用在 CMYK 和 Lab 模式下）。

（一）成角的线条滤镜

使用成角的线条勾画图像。调节参数，如图 11 - 96 所示。

图 11 - 96

（1）方向平衡：可以调节向左下角和右下角勾画的强度。

（2）线条长度：控制成角线条的长度。

（3）锐化程度：调节勾画线条的锐化度。

图解效果，如图 11 - 97 所示。

原图像

成角线条滤镜效果

图 11 - 97

（二）喷溅滤镜

创建一种类似透过浴室玻璃观看图像的效果。调节参数，如图 11 - 98 所示。

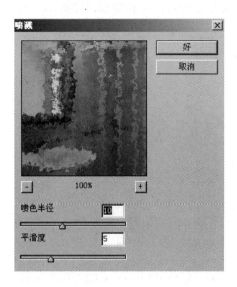

图 11 - 98

（1）喷色半径：为形成喷溅色块的半径。

（2）平滑度：为喷溅色块之间的过渡的平滑度。

图解效果，如图 11 - 99 所示。

原图像　　　　　　　　　　　喷溅滤镜效果

图 11 - 99

（三）喷色描边滤镜

使用所选图像的主色，并用成角的、喷溅的颜色线条来描绘图像，所以得到的效果与喷溅滤镜的效果很相似。调节参数，如图 11 – 100 所示。

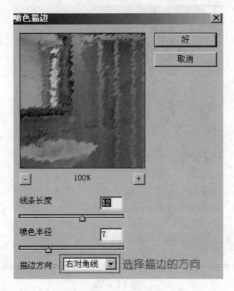

图 11 – 100

（1）线条长度：调节勾画线条的长度。

（2）喷色半径：形成喷溅色块的半径。

（3）描边方向：控制喷色的走向（共有四种方向：垂直、水平、左对角线和右对角线）。

图解效果，如图 11 – 101 ~ 图 11 – 103 所示。

原图像   右对角线

图 11 – 101

水平

左对角线

图 11－102

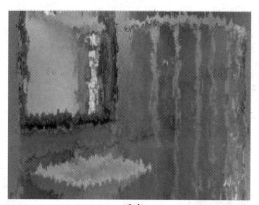

垂直

图 11－103

（四）强化的边缘滤镜

将图像的色彩边界进行强化处理，设置较高的边缘亮度值，将增大边界的亮度；设置较低的边缘亮度值，将降低边界的亮度。调节参数，如图 11－104 所示。

（1）边缘宽度：设置强化的边缘的宽度。

（2）边缘亮度：控制强化的边缘的亮度。

（3）平滑度：调节被强化的边缘，使其变得平滑。

图解效果，如图 11－105 所示。

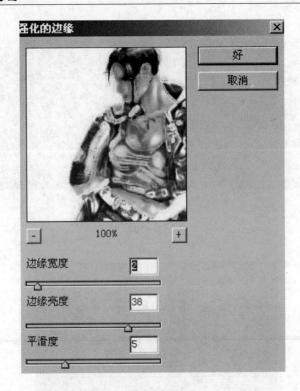

图 11 – 104

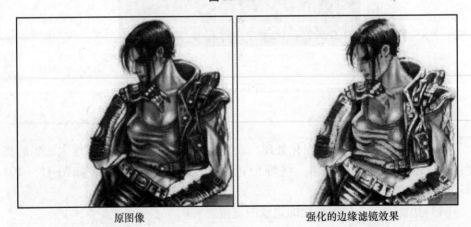

原图像　　　　　　　　　　强化的边缘滤镜效果

图 11 – 105

（五）深色线条滤镜

用黑色线条描绘图像的暗区，用白色线条描绘图像的亮区。调节参数，如图 11 – 106 所示。

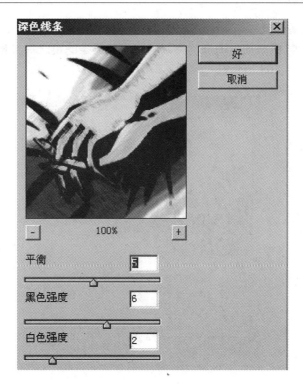

图 11－106

（1）平衡：控制笔触的方向。

（2）黑色强度：控制图像暗区线条的强度。

（3）白色强度：控制图像亮区线条的强度。

图解效果，如图 11－107 所示。

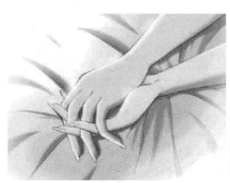
原图像

深色线条滤镜效果

图 11－107

（六）烟灰墨滤镜

以日本画的风格来描绘图像，类似应用深色线条滤镜之后又模糊的效果。调节参数，如图 11 - 108 所示。

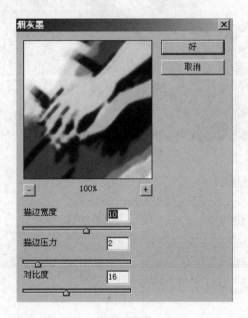

图 11 - 108

（1）描边宽度：调节描边笔触的宽度。

（2）描边压力：为描边笔触的压力值。

（3）对比度：可以直接调节结果图像的对比度。

图解效果，如图 11 - 109 所示。

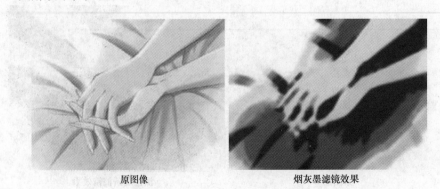

原图像   烟灰墨滤镜效果

图 11 - 109

（七）阴影线滤镜

类似用铅笔阴影线的笔触对所选的图像进行勾画的效果，与成角的线条滤镜的效果相似。调节参数，如图 11 – 110 所示。

图 11 – 110

（1）线条长度：为阴影线的长度，较低的值有利于保留图像的细节。

（2）锐化程度：控制勾画后的图像的锐化效果。

（3）强度：为使用阴影线的遍数，最大值为 3。

图解效果，如图 11 – 111 所示。

原图像

阴影线滤镜效果

图 11 – 111

（八）油墨概况

用纤细的线条勾画图像的色彩边界，类似钢笔画的风格。调节参数，如图 11 - 112 所示。

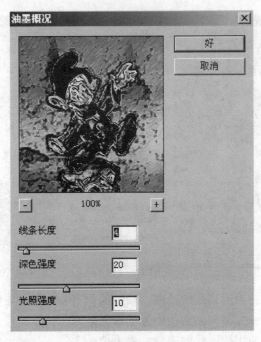

图 11 - 112

（1）线条长度：设置勾画线条的长度。

（2）深色强度：控制将图像变暗的程度。

（3）光照强度：控制图像的亮度。

图解效果，如图 11 - 113 所示。

原图像

墨水轮廓效果

图 11 - 113

十二、素描滤镜组

素描滤镜用于创建手绘图像的效果，简化图像的色彩（注：此类滤镜不能应用在 CMYK 和 Lab 模式下）。

（一）炭精笔滤镜

可用来模拟炭精笔的纹理效果。在暗区使用前景色，在亮区使用背景色替换。调节参数，如图 11 – 114 所示。

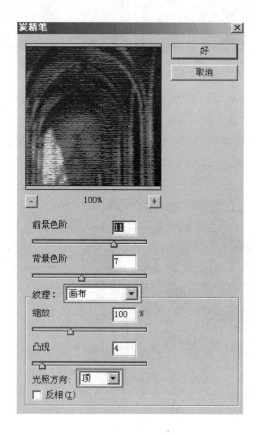

图 11 – 114

（1）前景色阶：调节前景色的作用强度。

（2）背景色阶：调节背景色的作用强度。

我们可以选择一种纹理，通过缩放和凸现滑块对其进行调节，但只有在凸现值大于零时纹理才会产生效果。

（1）光照方向：指定光源照射的方向。

（2）反相：可以使图像的亮色和暗色进行反转。

图解效果，如图 11 - 115 所示。

原图像   炭精笔效果

图 11 - 115

（二）半调图案滤镜

模拟半调网屏的效果，且保持连续的色调范围。调节参数，如图 11 - 116 所示。

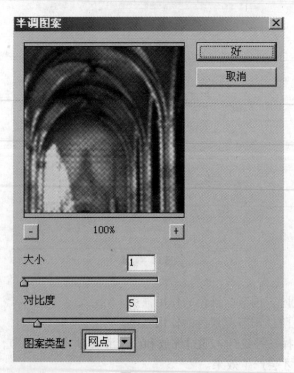

图 11 - 116

（1）大小：可以调节图案的尺寸。

（2）对比度：可以调节图像的对比度。

（3）图案类型：包含圆圈、网点和直线三种图案类型。

图解效果，如图 11 – 117 所示。

原图像   半调图案效果

图 11 – 117

（三）便条纸滤镜

模拟纸浮雕的效果，与颗粒滤镜和浮雕滤镜先后作用于图像所产生的效果类似。调节参数，如图 11 – 118 所示。

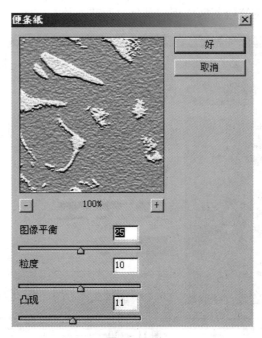

图 11 – 118

（1）图像平衡：用于调节图像中凸出和凹陷所影响的范围。凸出部分用前景色填充，凹陷部分用背景色填充。

（2）粒度：控制图像中添加颗粒的数量。

（3）凸现：调节颗粒的凹凸效果。

图解效果，如图 11 – 119 所示。

原图像　　　　　　　　　　　　　　便条纸效果

图 11 – 119

（四）粉笔和炭笔滤镜

创建类似炭笔素描的效果。粉笔绘制图像背景，炭笔线条勾画暗区。粉笔绘制区应用背景色，炭笔绘制区应用前景色。调节参数，如图 11 – 120 所示。

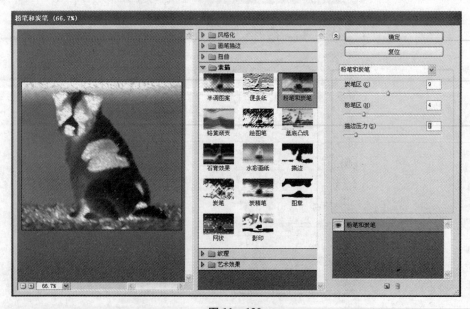

图 11 – 120

（1）炭笔区：控制炭笔区的勾画范围。

（2）粉笔区：控制粉笔区的勾画范围。

（3）描边压力：控制图像勾画的对比度。

图解效果，如图 11 –121 所示。

原图像　　　　　　　　　　　　　　　粉笔和炭笔效果

图 11 –121

（五）铬黄渐变滤镜

将图像处理成银质的铬黄表面效果。亮部为高反射点；暗部为低反射点。调节参数，如图 11 –122 所示。

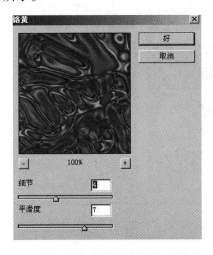

图 11 –122

（1）细节：控制细节表现的程度。

（2）平滑度：控制图像的平滑度。

图解效果，如图 11 – 123 所示。

原图像 铬黄效果

图 11 – 123

（六）绘图笔滤镜

使用线状油墨来勾画原图像的细节。油墨应用前景色，纸张应用背景色。调节参数，如图 11 – 124 所示。

图 11 – 124

（1）线条长度：决定线状油墨的长度。

（2）明/暗平衡：用于控制图像的对比度。

（3）描边方向：为油墨线条的走向。

图解效果，如图 11 - 125 所示。

原图像　　　　　　　　　　绘图笔效果

图 11 - 125

（七）撕边滤镜

重建图像，使之呈现撕破的纸片状，并用前景色和背景色对图像着色。调节参数，如图 11 - 126 所示。

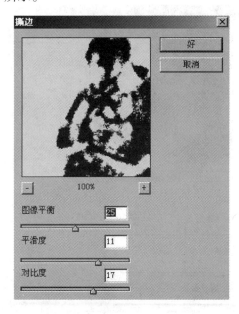

图 11 - 126

（1）图像平衡：控制前景色和背景色的平衡。

（2）平滑度：控制图像边缘的平滑程度。

（3）对比度：用于调节结果图像的对比度。

图解效果，如图 11 – 127 所示。

原图像   撕边效果

图 11 – 127

（八）炭笔滤镜

产生色调分离的、涂抹的素描效果。边缘使用粗线条绘制，中间色调用对角描边进行勾画。炭笔应用前景色，纸张应用背景色。调节参数，如图 11 – 128 所示。

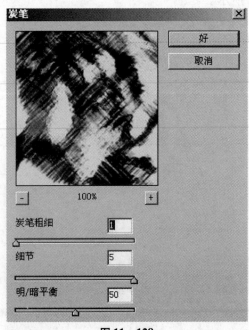

图 11 – 128

（1）炭笔粗细：调节炭笔笔触的大小。

（2）细节：控制勾画的细节范围。

（3）明/暗平衡：调节图像的对比度。

图解效果，如图 11 - 129 所示。

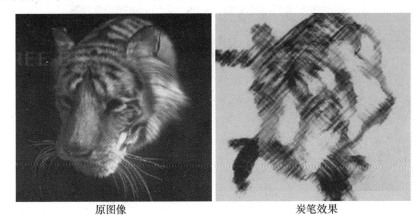

原图像　　　　　　　　　　　　　　炭笔效果

图 11 - 129

（九）图章滤镜

简化图像，使之呈现图章盖印的效果，此滤镜用于黑白图像时效果最佳。调节参数，如图 11 - 130 所示。

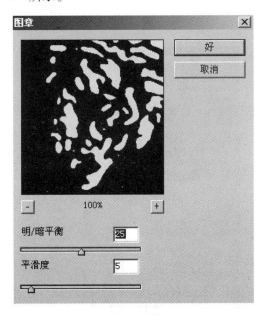

图 11 - 130

（1）明/暗平衡：调节图像的对比度。

（2）平滑度：控制图像边缘的平滑程度。

图解效果，如图 11－131 所示。

原图像   图章效果

图 11－131

（十）网状滤镜

使图像的暗调区域结块，高光区域好像被轻微颗粒化。调节参数，如图11－132 所示。

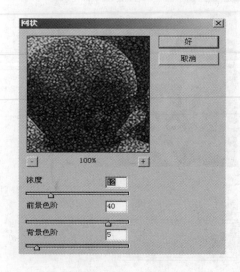

图 11－132

（1）浓度：控制颗粒的密度。

（2）前景色阶：控制暗调区的色阶范围。

（3）背景色阶：控制高光区的色阶范围。

图解效果，如图 11 – 133 所示。

原图像

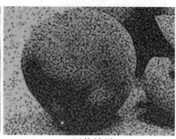
网状效果

图 11 – 133

（十一）影印滤镜

模拟影印图像效果。暗区趋向于边缘的描绘，而中间色调为纯白或纯黑色。调节参数，如图 11 – 134 所示。

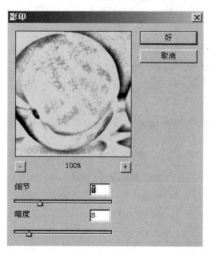

图 11 – 134

（1）细节：控制结果图像的细节。

（2）暗度：控制暗部区域的对比度。

图解效果，如图 11 – 135 所示。

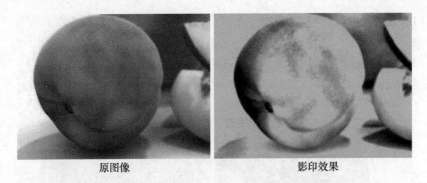

原图像　　　　　　　　　　　　影印效果

图 11 – 135

十三、纹理滤镜组

Texture（纹理）滤镜为图像创造各种纹理材质的感觉（注：此组滤镜不能应用于 CMYK 和 Lab 模式的图像）。

（一）龟裂缝滤镜

根据图像的等高线生成精细的纹理，应用此纹理使图像产生浮雕的效果。调节参数，如图 11 – 136 所示。

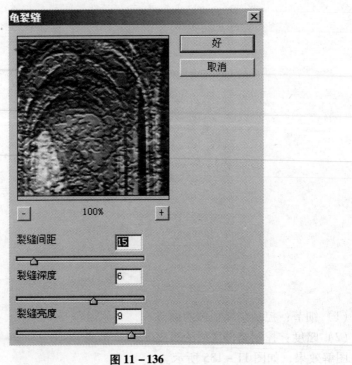

图 11 – 136

（1）裂缝间距：调节纹理的凹陷部分的尺寸。

（2）裂缝深度：调节凹陷部分的深度。

（3）裂缝亮度：通过改变纹理图像的对比度来影响浮雕的效果。

图解效果，如图 11－137 所示。

原图像　　　　　　　　　　　　龟裂缝效果

图 11－137

（二）颗粒滤镜

模拟不同的颗粒（常规、软化、喷洒、结块、强反差、扩大、点刻、水平、垂直和斑点）纹理添加到图像的效果。调节参数，如图 11－138 所示。

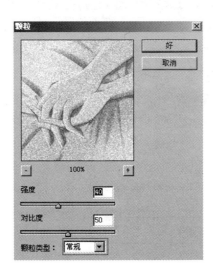

图 11－138

（1）强度：调节纹理的强度。

（2）对比度：调节结果图像的对比度。

（3）颗粒类型：可以选择不同的颗粒。

图解效果，如图 11 – 139 所示。

原图像　　　　　　　　　　　　颗粒效果

图 11 – 139

（三）马赛克拼贴滤镜

使图像看起来由方形的拼贴块组成，而且图像呈现出浮雕效果。调节参数，如图 11 – 140 所示。

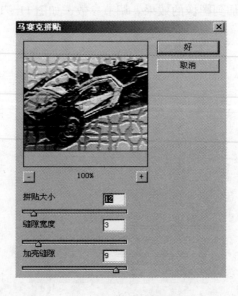

图 11 – 140

（1）拼贴大小：调整拼贴块的尺寸。

（2）缝隙宽度：调整缝隙的宽度。

（3）加亮缝隙：对缝隙的亮度进行调整，从而起到在视觉上改变缝隙深度的效果。

图解效果，如图 11 - 141 所示。

原图像　　　　　　　　　　　　　马赛克拼贴效果

图 11 - 141

（四）拼缀图滤镜

将图像分解为由若干方形图块组成的效果，图块的颜色由该区域的主色决定。调节参数，如图 11 - 142 所示。

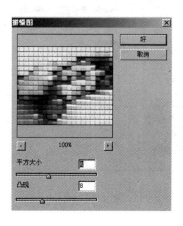

图 11 - 142

（1）平方大小：设置方形图块的大小。

（2）凸现：调整图块的凸出效果。

图解效果，如图 11 - 143 所示。

原图像   拼缀图效果

图 11 –143

（五）染色玻璃滤镜

将图像重新绘制成彩块玻璃效果，边框由前景色填充。调节参数，如图11 – 144 所示。

图 11 –144

（1）单元格大小：调整单元格的尺寸。

（2）边框粗细：调整边框的尺寸。

（3）光照强度：调整由图像中心向周围衰减的光源亮度。

图解效果，如图 11 –145 所示。

原图像　　　　　　　　　　　　染色玻璃效果

图 11 - 145

（六）纹理化滤镜

对图像直接应用自己选择的纹理。调节参数，如图 11 - 146 所示。

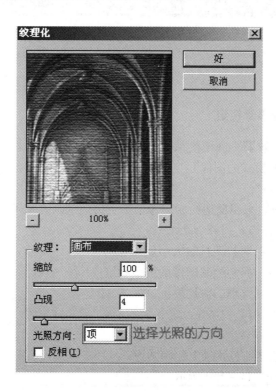

图 11 - 146

（1）纹理：可以从砖形、粗麻布、画布和砂岩中选择一种纹理，也可以载入其他的纹理。

（2）缩放：改变纹理的尺寸。

（3）凸现：调整纹理图像的深度。

（4）光照方向：调整图像的光源方向。

（5）反相：反转纹理表面的亮色和暗色。

图解效果，如图 11 - 147 所示。

原图像　　　　　　　　　　　　　纹理化效果

图 11 - 147

十四、艺术效果滤镜组

Artistic（艺术效果）滤镜模拟天然或传统的艺术效果（注：此组滤镜不能应用于 CMYK 和 Lab 模式的图像）。

（一）壁画滤镜

使用小块的颜料来粗糙地绘制图像，产生类似壁画的效果。

调节参数，如图 11 - 148 所示。

（1）画笔大小：调节颜料的大小。

（2）画笔细节：控制绘制图像的细节程度。

（3）纹理：控制纹理的对比度。

图解效果，如图 11 - 149 所示。

（二）彩色铅笔滤镜

使用彩色铅笔在纯色背景上绘制图像。

调节参数，如图 11 - 150 所示。

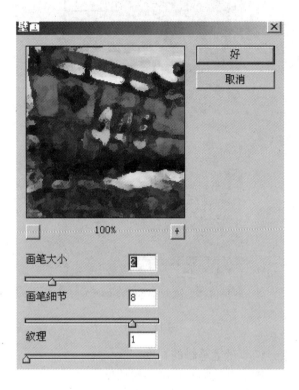

图 11 – 148

原图像　　　　　　　　　　　　　壁画效果

图 11 – 149

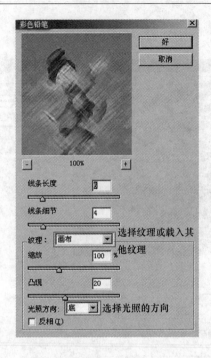

图 11 – 150

（1）铅笔宽度：调节铅笔笔触的宽度。

（2）描边压力：调节铅笔笔触绘制的对比度。

（3）纸张亮度：调节笔触绘制区域的亮度。

图解效果，如图 11 – 151 所示。

原图像　　　　　　　　　　　　　彩色铅笔效果

图 11 – 151

（三）粗糙蜡笔滤镜

模拟用彩色蜡笔在带纹理的图像上的描边效果。调节参数，如图 11 – 152 所示。

（1）线条长度：调节勾画线条的长度。

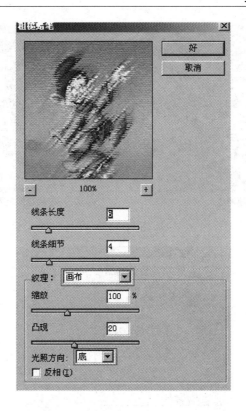

图 11 – 152

（2）线条细节：调节勾画线条的对比度。

（3）纹理：可以选择砖形、画布、粗麻布和砂岩纹理或是载入其他的纹理。

（4）缩放：控制纹理的缩放比例。

（5）凸现：调节纹理的凸起效果。

（6）光照方向：选择光源的照射方向。

（7）反相：反转纹理表面的亮色和暗色。

图解效果，如图 11 – 153 所示。

（四）底纹效果滤镜

模拟选择的纹理与图像相互融合在一起的效果。调节参数，如图 11 – 154 所示。

（1）画笔大小：控制结果图像的亮度。

（2）纹理覆盖：控制纹理与图像融合的强度。

（3）纹理：可以选择砖形、画布、粗麻布和砂岩纹理或是载入其他的纹理。

（4）缩放：控制纹理的缩放比例。

原图像　　　　　　　　　　　　　　粗糙蜡笔效果

图 11 – 153

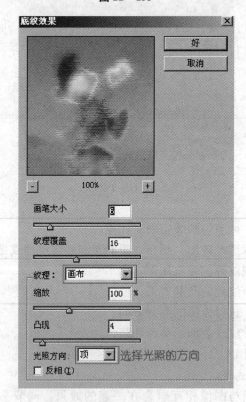

图 11 – 154

（5）凸现：调节纹理的凸起效果。

（6）光照方向：选择光源的照射方向。

（7）反相：反转纹理表面的亮色和暗色。

图解效果，如图 11 – 155 所示。

原图像　　　　　　　　　　　　底纹效果

图 11 – 155

（五）调色刀

降低图像的细节并淡化图像，使图像呈现出绘制在湿润的画布上的效果。调节参数，如图 11 – 156 所示。

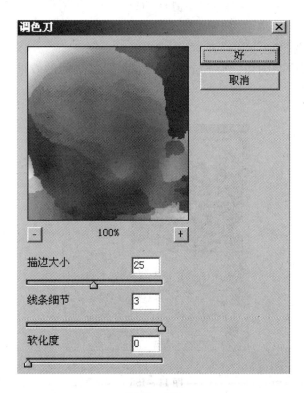

图 11 – 156

（1）描边大小：调节色块的大小。

（2）线条细节：控制线条刻画的强度。

（3）软化度：淡化色彩间的边界。

图解效果，如图 11 – 157 所示。

原图像   调色刀效果

图 11 – 157

（六）干画笔

使用干画笔绘制图像，形成介于油画和水彩画之间的效果。调节参数，如图 11 – 158 所示。

图 11 – 158

（1）画笔大小：调节笔触的大小。

（2）画笔细节：调节画笔的对比度。

（3）纹理：调节结果图像的对比度。

图解效果，如图 11－159 所示。

原图像　　　　　　　　　　　　干画笔效果

图 11－159

（七）海报边缘滤镜

使用黑色线条绘制图像的边缘。调节参数，如图 11－160 所示。

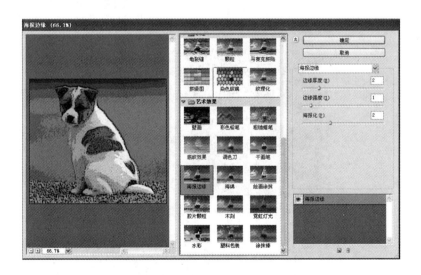

图 11－160

（1）边缘厚度：调节边缘绘制的柔和度。

（2）边缘强度：调节边缘绘制的对比度。

（3）海报化：控制图像的颜色数量。

图解效果，如图 11 – 161 所示。

原图像   海报边缘效果

图 11 –161

（八）海绵滤镜

海绵滤镜，顾名思义，使图像看起来像是用海绵绘制的一样。

调节参数，如图 11 – 162 所示。

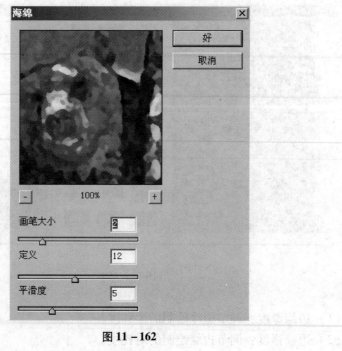

图 11 –162

（1）画笔大小：调节色块的大小。

（2）定义：调节图像的对比度。

（3）平滑度：控制色彩之间的融合度。

图解效果，如图 11 – 163 所示。

原图像   海绵效果

图 11 – 163

（九）绘画涂抹滤镜

使用不同类型的效果涂抹图像。调节参数，如图 11 – 164 所示。

（1）画笔大小：调节笔触的大小。

（2）锐化程度：控制图像的锐化值。

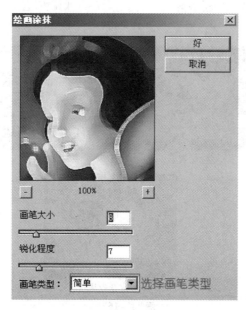

图 11 – 164

（3）画笔类型：共有简单、未处理光照、未处理深色、宽锐化、宽模糊和火花六种类型的涂抹方式。

图解效果，如图 11 – 165 ~ 图 11 – 167 所示。

原图像　　　　　　　　　　　　简单效果

图 11 – 165

未处理光照效果　　　　　　　　未处理深色效果

图 11 – 166

宽模糊效果　　　　　　　　　　宽锐化效果

火花效果

图 11 – 167

（十）胶片颗粒滤镜

模拟图像的胶片颗粒效果。调节参数，如图 11 – 168 所示。

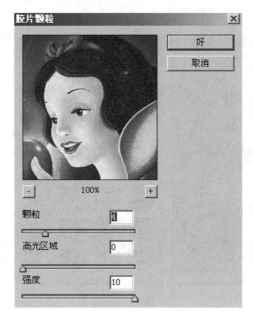

图 11 – 168

（1）颗粒：控制颗粒的数量。

（2）高光区域：控制高光的区域范围。

（3）强度：控制图像的对比度。

图解效果，如图 11 – 169 所示。

原图像　　　　　　　　　　　胶片颗粒效果

图 11 – 169

（十一）木刻滤镜

将图像描绘成如同用彩色纸片拼贴的一样。

调节参数，如图 11 – 170 所示。

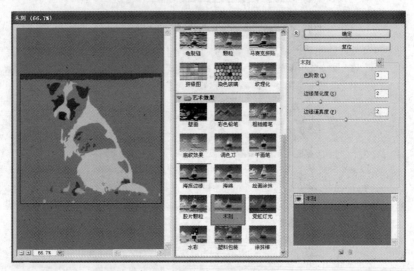

图 11 –170

（1）色阶数：控制色阶的数量级。

（2）边缘简化度：简化图像的边界。

（3）边缘逼真度：控制图像边缘的细节。

图解效果，如图 11 – 171 所示。

原图像   木刻效果

图 11 –171

（十二）霓虹灯光滤镜

模拟霓虹灯光照射图像的效果，图像背景将用前景色填充。调节参数，如图 11 – 172 所示。

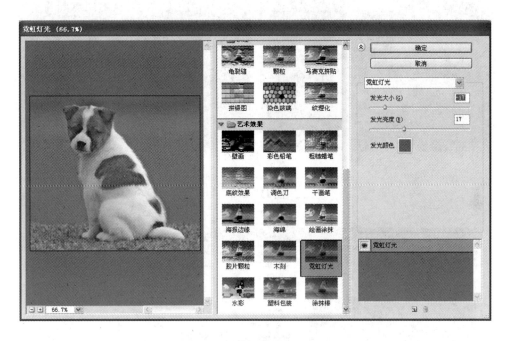

图 11 – 172

（1）发光大小：正值为照亮图像，负值是使图像变暗。

（2）发光亮度：控制亮度数值。

（3）发光颜色：设置发光的颜色。

图解效果，如图 11 – 173 所示。

（十三）水彩滤镜

模拟水彩风格的图像。调节参数，如图 11 – 174 所示。

（1）画笔细节：设置笔刷的细腻程度。

（2）暗调强度：设置阴影强度。

（3）纹理：控制纹理图像的对比度。

图解效果，如图 11 – 175 所示。

原图像 霓虹灯光效果

图 11 –173

图 11 –174

（十四）塑料包装滤镜

将图像的细节部分涂上一层发光的塑料。调节参数，如图 11 –176 所示。

（1）高光强度：调节高光的强度。

（2）细节：调节绘制图像细节的程度。

（3）平滑度：控制发光塑料的柔和度。

原图像

水彩效果

图 11 – 175

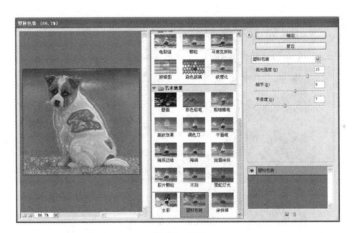

图 11 – 176

图解效果，如图 11 – 177 所示。

（十五）涂抹棒滤镜

用对角线描边涂抹图像的暗区以柔化图像。调节参数，如图 11 – 178 所示。

（1）线条长度：控制笔触的大小。

（2）高光区域：改变图像的对比度。

（3）强度：控制结果图像的对比度。

图解效果，如图 11 – 179 所示。

原图像   塑料包装效果

图 11 – 177

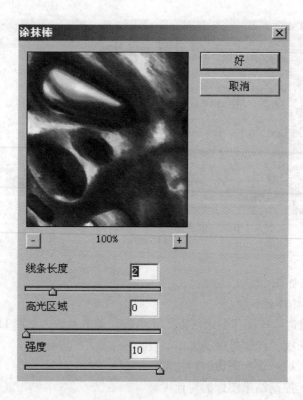

图 11 – 178

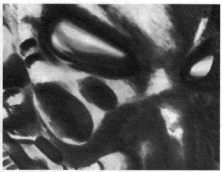

原图像　　　　　　　　　　　　　　　涂抹棒效果

图 11 - 179

十五、Digimarc 滤镜组

Digimarc 滤镜的功能主要是让用户添加或查看图像中的版权信息。

（一）读取水印滤镜

可以查看并阅读该图像的版权信息。

（二）嵌入水印滤镜

在图像中产生水印。用户可以选择图像是受保护的还是完全免费的。水印是作为杂色添加到图像中的数字代码，它可以以数字和打印的形式长期保存，且图像经过普通的编辑和格式转换后水印依然存在。水印的耐用程度设置得越高，则越经得起多次的复制。如果要用数字水印注册图像，可单击个人注册按钮，用户可以访问 Digimarc 的 Web 站点获取一个注册号。

十六、其他滤镜组

（一）高反差保留滤镜

按指定的半径保留图像边缘的细节。调节参数，如图 11 - 180 所示。

半径：控制过渡边界的大小。

图解效果，如图 11 - 181 所示。

（二）位移滤镜

按照输入的值在水平和垂直的方向上移动图像。调节参数，如图 11 - 182 所示。

图 11 – 180

原图像

高反差保留效果

图 11 – 181

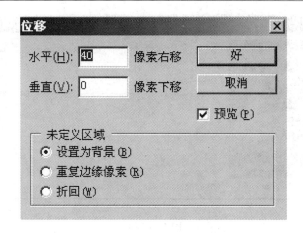

图 11 – 182

（1）水平：控制水平向右移动的距离。

（2）垂直：控制垂直向下移动的距离。

图解效果，如图 11 –183 所示。

原图像　　　　　　　　　　　　　　位移效果

图 11 –183

（三）自定滤镜

根据预定义的数学运算更改图像中每个像素的亮度值，可以模拟出锐化、模糊或浮雕的效果。我们可以将自己设置的参数存储起来以备日后调用。调节参数，如图 11 –184 所示。

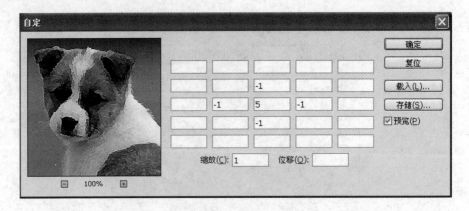

图 11 – 184

（1）中心的文本框里的数字控制当前像素的亮度增加的倍数。

（2）缩放：为亮度值总和的除数。

（3）位移：为将要加到缩放计算结果上的数值。

图解效果，如图 11 – 185 所示。

原图像   自定效果

图 11 – 185

（四）最大值滤镜

可以扩大图像的亮区和缩小图像的暗区。当前的像素的亮度值将被所设定的半径范围内的像素的最大亮度值替换。调节参数，如图 11 – 186 所示。

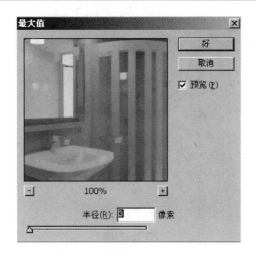

图 11 - 186

半径：设定图像的亮区和暗区的边界半径。

图解效果，如图 11 - 187 所示。

原图像 最大值效果

图 11 - 187

（五）最小值滤镜

效果与最大值滤镜刚好相反。调节参数，如图 11 - 188 所示。

半径：设定图像的亮区和暗区的边界半径。

图解效果，如图 11 - 189 所示。

本系列文章中，我们只是对内置的滤镜单独对图像的作用进行了简单的介绍，如果对图像多次应用不同的滤镜则可以得到无数的效果。本书只对滤镜的效果配合图像进行必要的说明，若想精通滤镜的使用，还需要大家不断地积累和大胆地创新。

图 11 – 188

原图像　　　　　　　　　　　　　最小值效果

图 11 – 189

本章小结

滤镜可产生各种丰富、夸张、意想不到的图像效果,它除了可应用于图像外,还可应用于栅格化后的文字图层,从而制作出效果各异的文字特效,以增强画面的主题和视觉效果。滤镜虽然能产生丰富的效果,但用户在进行平面设计创作时,应适当使用滤镜,否则会因为太花哨,效果过多而削弱所要表达的主题。

实训拓展:PS 消失点之把鞋拿掉制作

原图如图 11 – 190 所示,效果如图 11 – 191 所示。

图 11 – 190

图 11 – 191

（1）打开素材图，复制一层，选择滤镜→消失点。如图 11 – 192 所示。

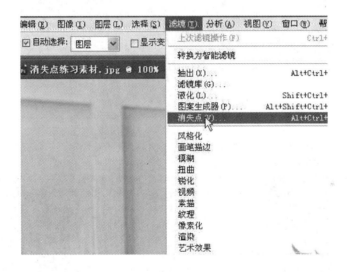

图 11 – 192

　　（2）进入消失点滤镜界面，选取创建平面工具，在第一个点上点一下，再点第二个点，当点第三个点时会出现个三角，不管它，我们接着点第四个点。这样我们就创建了一个符合透视原理的网格。应该注意的是：只有网格是蓝色时才是正确的透视网络。在本例中创建一次网格就行了，为了让初学者看清楚，我们分两次创建。如图 11 – 193 所示。

　　（3）取网格编辑工具将网格调整到图示状态。如图 11 – 194 所示。

　　（4）取图章工具，按下 Alt 键，点鼠标左键取样后，移动图示位置，再点一下左键进行覆盖。如图 11 – 195、图 11 – 196 所示。

图 11 – 193

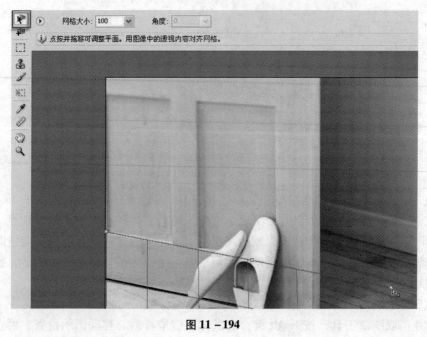

图 11 – 194

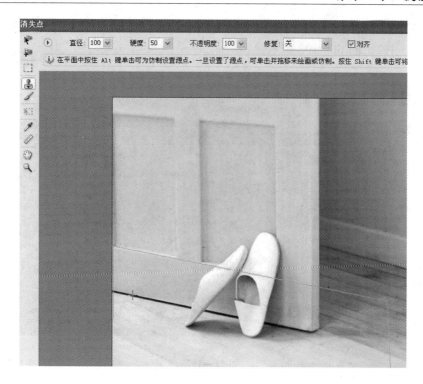

图 11-195

图 11-196

（5）取网格编辑工具将网格调整到图示状态，再取选择工具制作出选区，如图 11 – 197、图 11 – 198 所示。

图 11 – 197

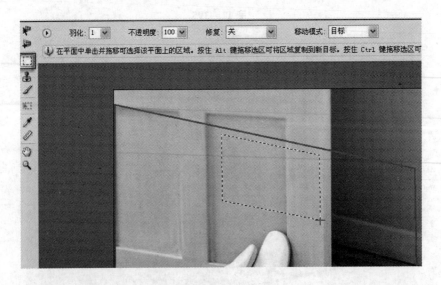

图 11 – 198

（6）按定 Alt 键，按下鼠标左键向下拉动进行覆盖，如图 11 – 199 所示。

（7）对其他地方也如法炮制，处理好后确定退出。

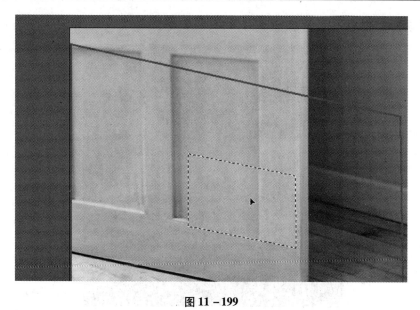

图 11－199

（8）再做一下简单处理就行了，如加上倒影等。

练习制作

（一）制作光盘

图 11－200

（二）放射文字

图 11 - 201

（三）形状的极坐标变化

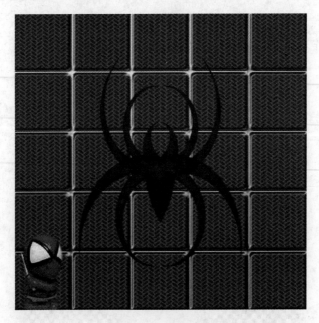

图 11 - 202

第十二章 案例综合

本章导读

通过前面章节的学习，用户基本能掌握 Photoshop CS6 的基本操作，本章主要想通过一系列的案例，来显示 Photoshop CS6 的无穷魅力，更想以此来检验用户的学习成果。

学习目标

➢各种工具以及菜单的综合运用。

一、绘制灯笼

操作步骤：

（1）点击"文件→新建"，宽度和高度根据需要设置，白色背景，其他参数默认即可，点击确定。

（2）"新建→图层"，命名为图层。

（3）在画布上用椭圆选框工具建一个椭圆选区。如图 12 - 1 所示。

将前景色设为黄色，RGB 值分别为 235，232，21；将背景色设为红色，RGB 值分别为 200，20，28，选择渐变工具，打开渐变编辑器，选择从前景色到背景色的渐变。如图 12 - 2 所示。

（4）选择属性栏中的径向渐变，在椭圆选区中从中心到四周拖曳。效果如图 12 - 3 所示。

（5）新建图层 2，选择直线工具，属性栏中选择填充像素，粗细为 2 像素，按住 Shift 键的同时在椭圆选区中画出均匀的黄色直线。效果如图 12 - 4 所示。

（6）执行"滤镜→扭曲→球面化"命令，一次效果不明显，可多执行几次，直到效果满意。如图 12 - 5 所示。

（7）按 Ctrl + A + D 快捷键取消选区，新建一图层 3。如图 12 - 6 所示。

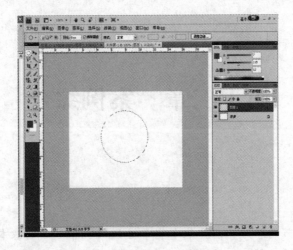

图 12 – 1

图 12 – 2

图 12 – 3

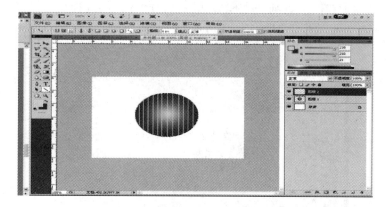

图 12 – 4

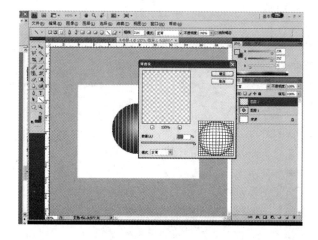

图 12 – 5

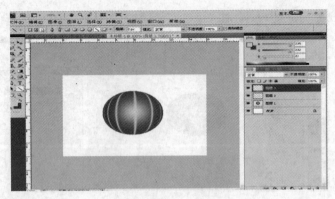

图 12 – 6

（8）用矩形选框工具画一方框形选区，用渐变工具选择线性渐变，填充为红—黄—红的渐变效果，如图 12 – 7 所示。

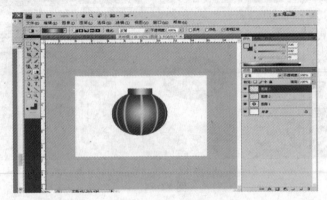

图 12 – 7

（9）按住 Alt 键的同时用移动工具复制图像，如图 12 – 8 所示。

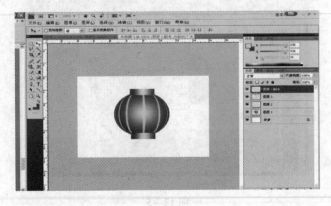

图 12 – 8

（10）合并图层，并调整灯笼的大小。

（11）新建一图层2，制作出灯笼的吊绳。

（12）新建一图层3，制作出灯笼的吊穗。

（13）达到满意效果时合并图层，保存图像。最终效果如图12－9所示。

图12－9

二、制作狮子出框效果

（1）打开素材库中狮子的图像，如图12－10所示。

图12－10

（2）复制图层，隐藏最下方的图层，如图12－11所示。

图 12 – 11

（3）用矩形选框工具选定一部分区域，如图 12 – 12 所示。

图 12 – 12

（4）右击变换选区命令，如图 12 – 13 所示。

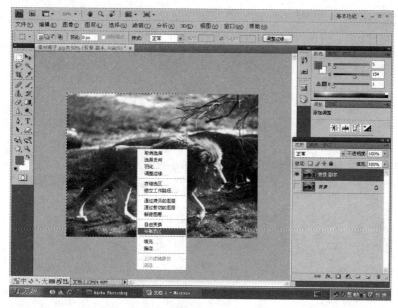

图 12 – 13

（5）右击透视命令，如图 12 – 14 所示。

图 12 – 14

（6）按 Enter 键确定变形命令，如图 12 – 15 所示。

图 12 – 15

（7）反向选择，如图 12 – 16 所示。

图 12 – 16

（8）选择橡皮擦中硬角圆擦去未选部分，保留狮子的头和脚。如图 12 – 17
所示。

图 12 – 17

（9）选择柔角圆再次擦去细节部分，如图 12 – 18 所示。

图 12 – 18

（10）选择选区工具，反相。

（11）新建图层，对选区描边 15 像素，白边，取消选区。

（12）图层样式，投影 30 度，距离 25，大小 35。如图 12－19 所示。

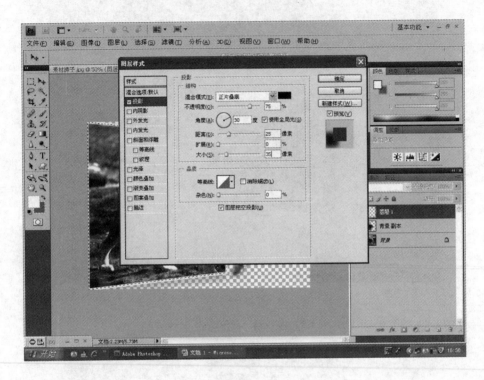

图 12－19

（13）选图层背景副本进入选区，用橡皮擦擦除图层上多余的白轮廓。如图 12－20 所示。

（14）打开另外一张背景图片，调整适当大小，放置底层。如图 12－21 所示。

图 12 - 20

图 12 - 21

效果图，如图 12 – 22 所示。

图 12 – 22

三、制作创意贝壳文字

（1）新建一个 500×500 像素的文档，背景选择白色。选择文字工具打上自己喜欢的文字，字体颜色为：#DE7028。如图 12 – 23 所示。

图 12 – 23

（2）栅格化文字后，执行"滤镜→其他→最小值"命令，参数设置如图 12 – 24 所示。

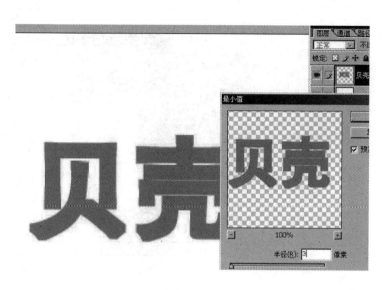

图 12 – 24

（3）把前景和背景颜色改为白色，然后执行"滤镜→纹理→染色玻璃"命令，参数设置如图 12 – 25 所示。

图 12 – 25

（4）选择菜单：选择→色彩范围，容差设置为 60，然后用吸管吸取白色条纹部分，确定后按 Delete 键删除，然后取消选区。如图 12 - 26 所示。

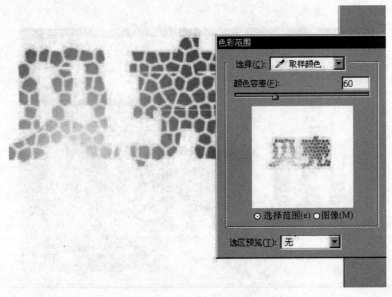

图 12 - 26

（5）执行：滤镜→风格化→浮雕效果，参数设置如图 12 - 27 所示。

图 12 - 27

（6）选择菜单：图层→图层样式→投影，参数设置如图 12 - 28 所示。

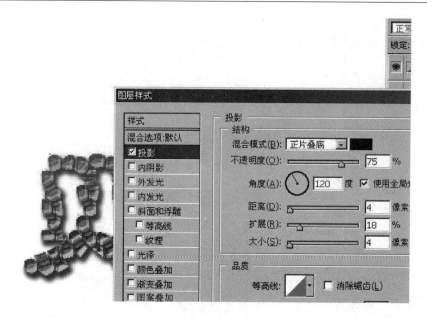

图 12 – 28

（7）选择斜面和浮雕，参数设置如图 12 – 29 所示。

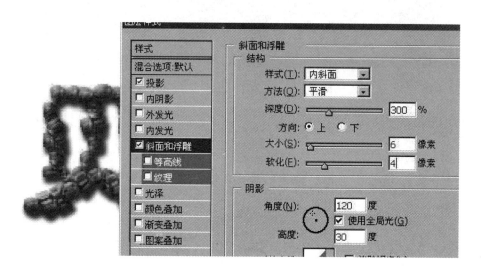

图 12 – 29

（8）最后用滤镜渲染云彩加上自己喜欢的背景，达到最终效果。如图12 – 30 所示。

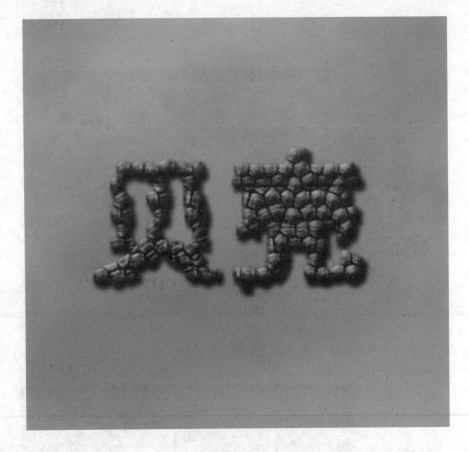

图 12 – 30

四、绘制一个"南瓜头"图形

（1）新建一个"宽度"为"15 厘米"，"高度"为"15 厘米"，"分辨率"为"150 像素/英寸"，"颜色模式"为"RGB 颜色"，"背景内容"为"白色"的文件。

（2）执行"视图"/"新建参考线"命令，弹出"新建参考线"对话框，设置选项及参数如图 12 – 31 所示，然后单击 确定 按钮，在文件中添加参考线。

（3）再次执行"视图"/"新建参考线"命令，在弹出的"新建参考线"对话框中设置选项及参数，如图 12 – 32 所示，然后单击 确定 按钮，添加的参考线如图 12 – 33 所示。

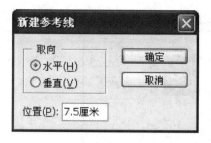

图 12 – 31

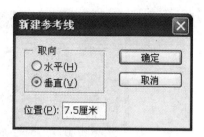

图 12 – 32

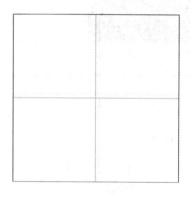

图 12 – 33

（4）选择 工具，按住 Shift + Alt 组合键，将鼠标光标移动到参考线的交点位置，当鼠标光标显示为"＋"形状时按下鼠标左键并拖曳，以参考线的交点为圆心绘制出圆形选区。

（5）单击前景色色块，在弹出的"拾色器（前景色）"对话框中设置颜色参数。如图 12 – 34 所示。

（6）单击 确定 按钮，完成前景色的设置，然后在"图层"中单击 按钮，新建"图层 1"。

（7）按 Alt + Delete 组合键，将设置的前景色填充至圆形选区中。

（8）执行"选择"/"变换选区"命令，为选区添加自由变换框，然后激活属性栏中的 按钮，并在按钮右侧的文本框中输入"95%"，选区缩小。

（9）单击属性栏中的 按钮，完成选区的缩小调整，然后按 Delete 键，删除选区内的图像。效果如图 12 – 35 所示。

（10）选择 工具，并激活属性栏中的 按钮，然后将鼠标光标移动到圆

图 12 – 34

环的左半边，加载该颜色的选区。

（11）选择 ⬚ 工具，并激活属性栏中的 ⬚ 按钮，然后绘制出矩形选区。

（12）释放鼠标左键，选区呈相减后的形态。

（13）将前景色设置为黄色（R：255，G：255，B：0），然后按 Alt + Delete 组合键为选区填充黄色。效果如图 12 – 36 所示。

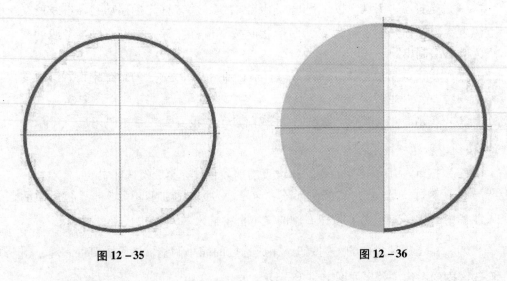

图 12 – 35   图 12 – 36

（14）用与步骤（4）~（9）相同的方法，在新建的"图层 2"中绘制出图形。如图 12 – 37 所示。

（15）利用 ⬭ 工具绘制椭圆形选区，然后选择 ⬚ 工具，并激活属性栏中的 ⬚ 按钮，再绘制出矩形选区对椭圆形选区进行裁剪。

（16）新建图层 3，然后为裁剪后的选区填充绿色（G：233）。效果如图 12-38 所示。

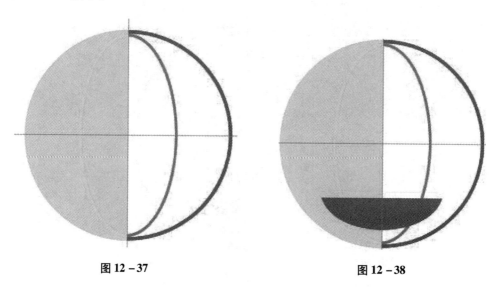

图 12-37   图 12-38

（17）利用 ⬚ 和 ⬭ 工具对选区进行裁剪，为左边填充白色。如图 12-39 所示。

（18）新建图层 4，利用 ⬭ 工具画圆，然后复制选区，一个填充白色，另一个填充绿色。如图 12-40 所示。

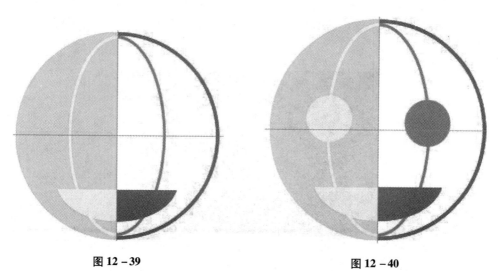

图 12-39   图 12-40

（19）利用 ⟦:⟧ 在参考线处画方框，然后变换选区旋转45度，单击 ✔ 按钮。再利用 ⟦:⟧ 工具，对选区进行裁剪，新建图层5，在左边选区填充白色，右边填充绿色，绘制图形完成。如图12－41所示。

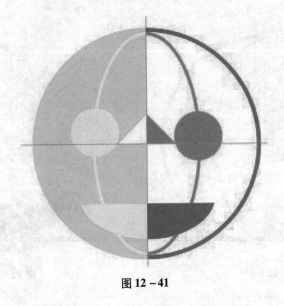

图12－41

（20）按 Ctrl＋S 组合键，保存为 PSD 格式即可。

五、透明五角星的制作

（1）新建一个文档，"Ctrl＋I"背景反向成黑色（你也可以直接设置成黑色，方便我们制作光效）。新建一个图层，并使用"自定义形状"绘制一个五角星。如图12－42所示。

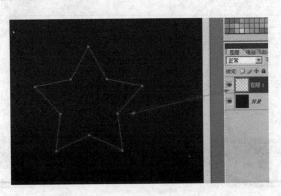

图12－42

（2）调整前景色、背景色的颜色为一种同类色的渐变，比如这里是从深蓝到浅蓝。选择"线性渐变"。如图 12 –43 所示。

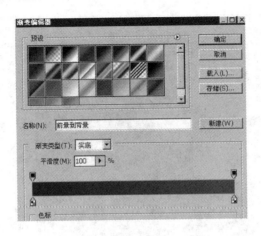

图 12 – 43

（3）按"Ctrl + Enter"组合键把路径转换成选区，拖曳渐变。如图 12 – 44 所示。

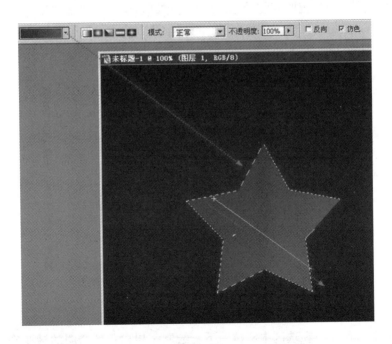

图 12 – 44

（4）保持选区，选择菜单"选择"→"修改"→"收缩"，在弹出的对话框里选择 3 像素。如图 12 – 45 所示。

图 12 – 45

（5）按下"D"键回复前景色、背景色的默认黑白，按下"X"键对换前景色、背景色，这里确保前景色为白色。选择渐变方式为预设第二种：从"前景色到透明"。如图 12 – 46 所示。

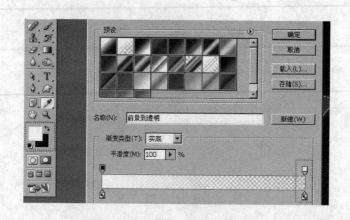

图 12 – 46

（6）新建图层，在选区中斜拉一下，绘制一层白色到透明的渐变作为高光。如图 12 – 47 所示。

图 12 – 47

（7）"钢笔工具"绘制曲线路径，如图 12 – 48 所示。

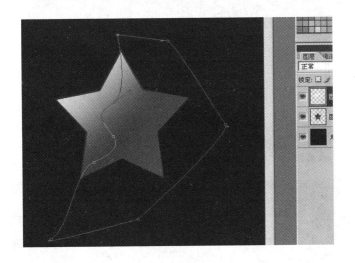

图 12 – 48

（8）按"Ctrl + Enter"快捷键转换成选区删除多余的透明色，如图 12 – 49 所示。

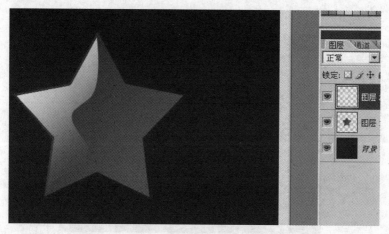

图 12 −49

（9）绘制一个圆形，填充白色，并使用小圆选区裁剪掉中间的部分。如图 12 −50 所示。

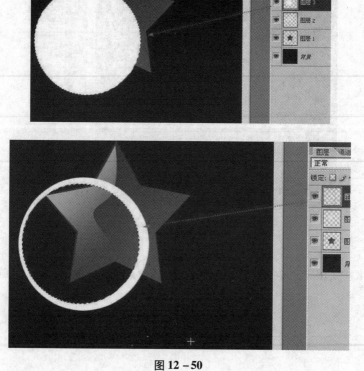

图 12 −50

（10）为剩余的弧线添加蒙版涂抹成折射光，如图 12－51 所示。

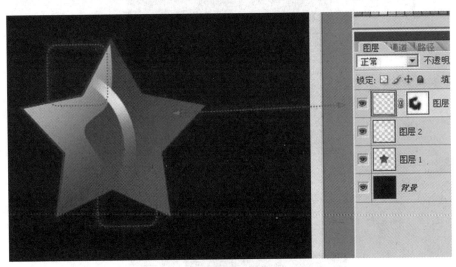

图 12－51

（11）复制两条，效果更明显一些。如图 12－52 所示。

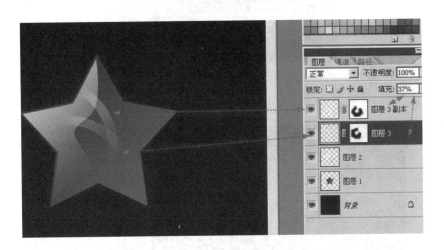

图 12－52

（12）"钢笔工具"绘制亮部的高光折线（注意可以是曲线）。如图 12－53 所示。

图 12 – 53

（13）选择"画笔工具"，在"图层"面板选择"路径"，路径 1 上单击鼠标右键选择"描边路径"，勾选"模拟压力"，制作描边效果。如图 12 – 54 所示。

图 12 – 54

（14）用画笔随意地点缀些小星星，如图 12 – 55 所示。

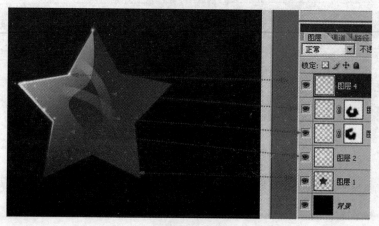

图 12 – 55

（15）五角星看起来不通透，我们给它制作一个背光折射，还是收缩3像素，使用前景色到透明在不同的图层拖曳渐变，注意前景色要设置成蓝色。如图12－56所示。

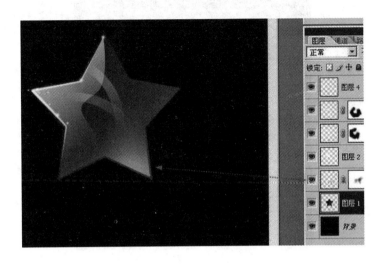

图 12－56

（16）在图层最上方新建图层，填充黑色，选择"滤镜"→"渲染"→"镜头光晕"。如图12－57所示。

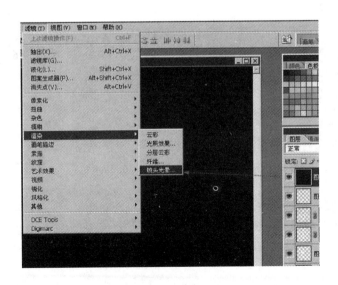

图 12－57

保持默认参数，如图 12 – 58 所示。

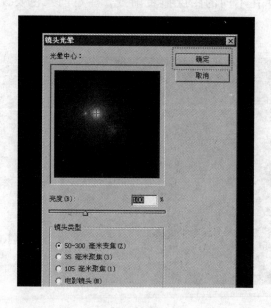

图 12 – 58

（17）混合模式更改为"滤色"，就可以把刚才的光晕叠加在图像上。如图 12 – 59 所示。

图 12 – 59

（18）按 Ctrl + T 快捷键自由变换对光晕做调整，如图 12 – 60 所示。

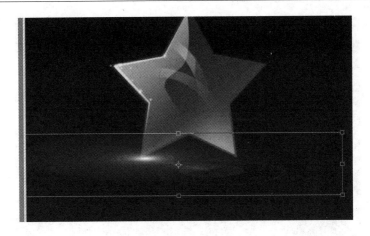

图 12-60

（19）对光晕调色，如图 12-61 所示。

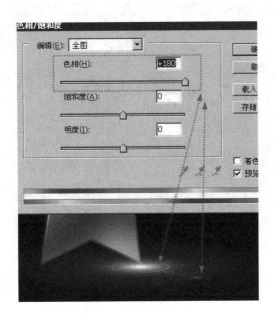

图 12-61

（20）此时星星和光晕是分开的，分别复制星星和光晕，调整大小。如图 12-62 所示。

（21）可根据自己喜好再添加些效果。如图 12-63 所示。

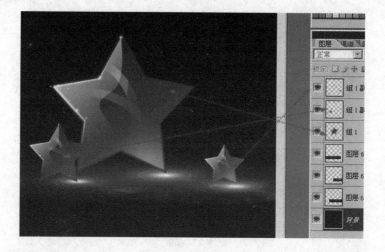

图 12 – 62

图 12 – 63

六、滤镜绘制边框效果

（1）打开素材图，如图 12 – 64 所示。

图 12 – 64

（2）用钢笔随意勾勒出一个形状，如图 12 - 65 所示。

图 12 – 65

（3）在通道中新建一个通道。填充刚才的路径为白色，如图 12 - 66 所示。

（4）执行"滤镜"→"滤镜库"→"喷溅"命令，如图 12 - 67 所示。

（5）载入通道的选区，如图 12 - 68 所示。

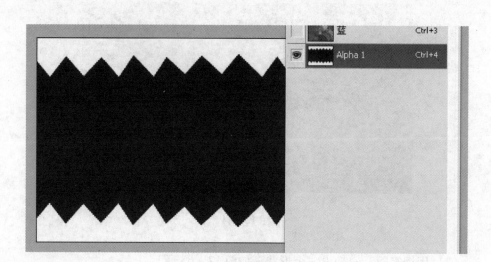

图 12 – 66

图 12 – 67

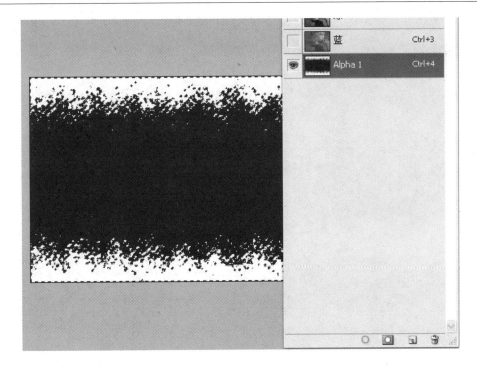

图 12 – 68

（6）回到图层面板新建一个图层，填充白色。如图 12 – 69 所示。

图 12 – 69

图书在版编目（CIP）数据

平面图像处理/文雄，王恩銮主编.—北京：经济管理出版社，2015.6
ISBN 978 - 7 - 5096 - 3818 - 7

Ⅰ.①平…　Ⅱ.①文…②王…　Ⅲ.①图像处理软件　Ⅳ.①TP391.41

中国版本图书馆 CIP 数据核字（2015）第 145161 号

组稿编辑：魏晨红
责任编辑：魏晨红　杨清法
责任印制：黄章平
责任校对：雨　千

出版发行：经济管理出版社
　　　　（北京市海淀区北蜂窝 8 号中雅大厦 A 座 11 层　100038）
网　　　址：www. E - mp. com. cn
电　　　话：（010）51915602
印　　　刷：三河市延风印装有限公司
经　　　销：新华书店
开　　　本：720mm×1000mm/16
印　　　张：22
字　　　数：480 千字
版　　　次：2015 年 6 月第 1 版　2015 年 6 月第 1 次印刷
书　　　号：ISBN 978 - 7 - 5096 - 3818 - 7
定　　　价：48.00 元